의사를 꿈꾸는
10대가 알아야 할

의료편

미래
직업의
이동

의사를 꿈꾸는
10대가 알아야 할

의료편

미래
직업의
이동

인공지능 의사가 암을 찾고,
휴머노이드 로봇 간호사가
환자를 돌보는 미래 병원 이야기

신지나·김재남·민준홍 지음

한스미디어

미리 가 보는
미래 의료 직업의 세계

2030년, 인공지능 로봇 의사가 병원을 점령한다?

여러분이 어른이 된 세상을 상상해 본 적이 있는지요? 청소년기를 보내고 있는 여러분은 10년 후 어른이 되어 직업을 가지고 자신의 삶을 이끌어 가는 미래를 생각하는 연습이 필요합니다. 우리 앞에 펼쳐질 '미래'를 상상하면 설레기도 하고 또 미지의 세계라 걱정스러운 마음이 들기도 할 텐데요. 특히, 의사, 약사, 간호사 등 의료 분야의 전문직을 꿈꾸는 청소년들은 4차 산업혁명 시대에 건강과 관련된 우리의 삶이 어떻게 달라질지 더욱 궁금할 것입니다. 더구나 요즘 미디어에서 전하는 미래의 병원 모습에 대해서 듣다 보면 조금은 갸우뚱하게 되는 순간도 있을 것 같습니다.

과연, 여러분이 어른으로 살아갈 2030년에는 인공지능 로봇 의사를 병원에서 만날 수 있을까요? 답은 'Yes'인 동시에 'No'입니다. 먼저 'Yes'라고 답한 이유는 인공지능이 이미 우리 의료 분야에서 깊이 활용되고 있기 때문입니다. 인간인 의사 선생님이 평생을 공부해도 소화하지 못할 수십만 권 분량의 정보를 IBM의 왓슨 같은 인공지능이 짧은 시간에 습득하고 있다는 것은 이미 잘 알려진 일이지요. 미국뿐 아니라 우리나라의 병원에도 이러한 인공지능이 탑재된 의료기기를 통해서 다양한 질병을 진단하고 있답니다. 최근에는 암환자의 의료 영상을 단 몇 분만에 판독하여 진단을 내리고 적절한 처방까지 하는 수준에 이르고 있습니다. 이러한 의학 기술의 발전 수준을 볼 때 2030년에는 병원에서 인공지능 로봇 의사의 역할이 더욱 확대될 것은 분명해 보입니다.

그렇다면 'No'라고 답한 이유는 무엇일까요? 한국고용원에서 발표한 연구 결과에 따르면 2030년에는 전문의의 70%가 인공지능 기계로 대체될 것이라고 합니다. 이러한 전망에도 불구하고 환자에게 공감하고 창의적인 방식으로 헬스 케어를 하는 의사의 역할은 더욱 커질 것이라고 전문가들은 분석합니다. 예를 들어, 고령화 시대를 살게 되는 우리에게 '인간' 의사 선생님들의 정서적인 치료는 장수하는 사람들에게 없어서는 안 될 중요한 영역이 된다는 것입니다.

단 1분의 설명을 듣기 위해 오랜 시간 병원 복도에서 기다려야 하는 대형 병원의 모습도 미래에는 달라질 것입니다. 앞으로는 환자를 일대일 맞춤으로 돌보는 의료진들의 역할이 더욱 주목을 받을 것이고 이에 따라 환자들의 만족도가 높아질 것입니다. 그리고 그 역할은 인간이 아니면 그 무엇도 대체할 수 없는 영역이라는 점에서 미래의 의사, 약사, 간호사 등 의료진들의 활약은 더욱 중요해질 전망입니다.

스마트 헬스 케어 산업으로 확대되는 의료 분야

이러한 2030년의 미래 의료를 가능하게 하는 것은 무엇일까요? 바로 의료 산업에 새로 불어 닥친 4차 산업혁명의 영향 때문입니다. 인공지능의 등장으로 대표되는 4차 산업혁명의 특징은 '융합'에 있습니다. 의료 분야만 보아도, 의학적인 지식만 필요한 시대는 지났습니다. 세계 최고 수준의 의학 교육을 담당하는 하버드 대학교 의과대학은 강의와 실습 중심의 의대 커리큘럼을 2019년부터 전면 개편한다고 합니다. 특히 강의는 사전에 인터넷을 통해서 미리 학습하고 수업 시간에는 다양한 토론과 문제 해결이 이루어지는 형태로 전환한다고 합니다. 인공지능 시대에 암기 중심의 의료 전문가 양성이 더 이상 의미가 없다고 깨달은 것이지요. 또한 '인간만이' 할 수 있는 창의적인 문제 해결 방식과 ICT를 활용한 종합 건강 관리Total Health Care 서비스 분야로 나아가고자 하는 시도라고 할 수 있습니다.

의료 분야에서 '융합'은 새로운 분야의 탄생을 의미합니다. 화상 환자의 고통을 줄여 주기 위해서 게임 전문가와 의료진이 만나서 가상현실 게임을 개발하여 치료에 적용하고 있습니다. 전신 마비 환자에게 자유로운 보행을 돕는 인공지능 의료 수트를 만들어 주기 위해 인공지능 전문가, 공학자, 의료진들이 함께 모여 연구하는 모습은 더 이상 낯설지 않습니다.

4차 산업혁명이 가져온 놀라운 ICT 기술이 의료 분야의 영역을 확대하고 있습니다. 지금의 의료 활동은 병을 진단하고 처방하고 치료하는, 발병 이후의 분야가 주를 이루고 있습니다. 하지만 최근에는 인공지능의 도움으로 유전자 분석을 통해서 향후 발생할 질병을 예측하고 사전에 케어할 수 있는 시스템으로 점차 변화하는 중입니다. 따라서 앞으로는 '수술실'에서 만나는 의사보다는 '유전자 분석 모니터를 마주하고 있는' 의사와 상담하는 모습이 더 익숙해질지 모릅니다. 바로 '요람에서 무덤까지' 의료 활동의 전방위적인 케어가 이루어질 전망입니다. 특히 100세 시대를 지나 120세 꿈의 수명에 도전하는 여러분의 삶에서는 직업으로서뿐 아니라 삶의 한 부분으로서 스마트 헬스 케어의 영역은 분리될 수 없을 것입니다.

4차 산업혁명 시대, 스마트 헬스 케어로 창출되는 다양한 직업

고령화, 저출산, 그리고 1인 가구 증가 시대에 스마트 헬스 케어 분야에 관심을 가지게 된 여러분은 이미 '미래를 주도하는 삶'을 선택한 행운아라고 볼 수 있습니다. 그렇다면 의료 분야를 꿈꾸는 여러분이 참여하게 될 미래의 직업이 어떤 변화를 겪게 될지 궁금할 것입니다. 이 책에서는 여러분을 미리 가보는 직업의 세계로 안내하고자 합니다. 미래에 의사 선생님, 약사 선생님, 간호사 선생님의 역할은 어떻게 달라질까요? 동물을 좋아해서 수의사가 되고자 하는 여러분은 미래에 어떤 역할을 하게 될까요? 그리고 아직은 그 모습이 명확하지 않지만, ICT의 발달이 창출하는 새로운 의료 분야의 직업에는 어떤 것들이 있을까요?

우리는 여러분이 이러한 궁금증을 안고 이 책의 첫 장을 열
기 바랍니다. 우리는 직업으로서 의료 분야에 관심을 두고 있
다는 공통점으로 연결되어 있습니다. 또한 4차 산업혁명이 가
져다줄 변화에도 기대감이 높을 것입니다. 그러나 무엇보다
생명에 대한 존중이야말로 4차 산업혁명 시대에도 변함없이
갖추어야 할 자세라는 것을 여러분이 잊지 않았으면 합니다.

CONTENTS

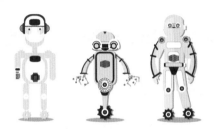

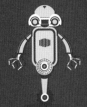

CHAPTER 1

의료 산업에 불어 닥친
4차 산업혁명

4차 산업혁명,
21세기 '대항해 시대'가 시작되다

'최근 세계인의 이목을 집중시키고 있는 핵심 키워드는 무엇일까요?'라는 질문에 여러분은 어떤 키워드가 떠오르나요? 저는 고민 없이 '4차 산업혁명'을 꼽을 것 같습니다. 그러면 4차 산업혁명이 무엇인지 알려주는 다양한 정의 중에서 여러분이 가장 잘 이해할 만한 정의를 골라 소개해 볼게요.

세계적으로 저명한 기업가, 학자, 기자, 정치인 등 사회 전반에 영향력을 미치는 유력 인사들이 매년 한곳에 모여 세계 경제에 대해 토론하고 고민하는 회의를 여는데, 이 모임을 세계경제포럼The World Economic Forum, WEF이라고 합니다. 2016년에 열린 이 회의에서 '4차 산업혁명'이라는 개념이 처음 등장했지요. 4차 산업혁명은 초연결hyper-connectivity과 초지능super-intelligence을 특징으로 하기 때문에 기존 산업혁명보다 더 넓은 범위에 더 빠른 속도로 영향을 끼칠 수 있습니다.

그럼 초연결과 초지능은 어떻게 가능해졌을까요? 인공지능, 빅데이터, 사물 인터넷, 핀테크, 가상 현실, 증강 현실 등 발전된 기술을 바탕으로 온라인 세상이 오프라인 세상의 모든 정보를 담을 수 있게 되었기 때문이랍니다. 예를 들어 웨어러블 기기를 손목에 차고 하루 종일 걷다 보면 오프라인 세상에서조차 일일이 확인하기 어려웠던 걸음 수, 심박 수, 칼로리 소모량 등의 정보가 온라인 세상에 기록됩니다. 이런 기록으로 더 나은 건강 정보를 알아볼 수 있지요. 이처럼 기술 발전으로 오프라인에서는 기록하기 어려웠던 다양한 정보가 온라인으로 옮겨가면서 지금껏 존재하지 않았던 부가가치 창출이 가능해졌다는 것이 바로 4차 산업혁명이 가져올 장점이 아닐까 합니다. 마치 15세기 대항해 시대에 나침반과 선박 기술을 보유한 나라가 영토를 넓히며 부를 축적했듯이, 21세기에는 4차 산업혁명을 이끌어 나갈 나라가 시대를 앞서 이끄는 주역이 될 거예요.

4차 산업혁명이 직업의 무덤이 될까?

4차 산업혁명 시대를 맞아 현실 세상과 사이버 세상이 섞여가는 가운데, 모두가 4차 산업혁명을 긍정적으로만 보지는 않습니다. 바로 현재의 환경이 녹록치 않기 때문이에요. 우리나라 실업률은 약 10.6%로, 역대 최고치라고 해요. 특히 통계청에 따르면 2017년부터 실업자가 100만 명을 넘었고, 2017년 6월 기준 실업자 수는 106만 9천 명에 이르고 있어요. 설상가상으로 OECD가 발표한 자료에 따르면, 우리나라는 청년실업률(15~29세)이 OECD 평균 대비 높은 편인데요. 이는 우리나

그림 1 기대에 대한 인식의 차이: 1차 산업혁명 시대와 4차 산업혁명 시대

출처: Wikimedia(왼쪽), Virginia Tech(2011, 오른쪽)

라의 미래 사회를 건설할 청년들의 일자리가 줄어들고 있다는 것을 의미합니다. 세계경제포럼에서도 2020년까지 향후 5년간 4차 산업혁명으로 710만 개의 기존 일자리가 사라진다는 내용을 발표하기도 했지요.

4차 산업혁명이 일자리에 어두운 그림자를 드리울까 봐 두려움을 느낄 수도 있답니다. 하지만 1차 산업혁명이 등장했을 당시에도 사람들은 자신들이 하던 일을 기계가 대체할까 봐 걱정했지요. 그래서 자연스럽게 기계를 적대시하는 풍토가 생겨났습니다. 이런 생각들이 과격해지면서 기계를 파괴하자는 러다이트Luddite 운동이 일어날 정도였으니까요. 하지만 시간이 지나자 기계가 대체하면 직업을 잃을 수 있다는 걱정으로 러다이트 운동을 주도했던 면직물 공장 직원들이 철강, 조선, 상업 등 다양한 분야로 이동하면서 자연스레 해소가 되었답니다. 4차 산업혁명도 마찬가지예요. 러다이트 운동처럼 무조건 새로운 사회 분위기를 거부하고 저항하기보다는 앞으로 다가올 4차 산업혁명을 제대로 이해하고 이 변화에 대비하는 능력을 기르기 위해 준비하는 것이 먼저라고 생각해요. 적이 아닌 친구를 맞이하는 방식으로 말이죠.

4차 산업혁명이 만들어 가는
21세기 '의료 혁명'

그렇다면 새로 사귀어 볼 4차 산업혁명이라는 친구는 과연 우리 주변의 직업군에 어떤 변화를 일으킬까요? 이번에는 그 중에서도 의료 분야에 찾아올 변화를 같이 알아보고자 합니다. 단, 그 전에 먼저 의료와 관련된 직업들부터 살펴보고자 해요. 그 이유는 일반적으로 의료 직업은 4차 산업혁명 시대가 찾아오면 사라질 가능성이 크다고 꼽히는 직업군 중 하나니까요. 실제로 한국고용정보원이 실시한 「인공지능·로봇의 일자리 대체 가능성 조사」에서 2025년 기계로 대체될 가능성이 큰 직업을 분석한 결과, 보건·의료 분야의 약사·한약사·간호사

그림 2 미래 직업의 변화 방향

기존 직업의 고부가가치화

기술 발전으로 인해 역할 고도화 및 전문화

직업의 세분화 및 전문화

수요 세분화 및 새로운 수요 증가에 대응한 새문화

융합형 직업의 증가

서로 다른 지식, 직무 간 융합으로 전문 분야 창출

과학기술 기반의 새로운 직업 탄생

과학기술에 기반을 둔 새로운 수요 창출로 직업 생성

출처: 미래부, 2017

가 대체 위험이 높은 직업군으로 손꼽혔답니다. 그러나 사실 ICT를 잘 활용한다면 의료 직업군은 전혀 다른 미래를 맞이할 수도 있겠지요.

의료 직업군 영역에서도 기계로 통칭되는 인공지능, 빅데이터, 사물 인터넷, 핀테크, 가상 현실, 증강 현실 등 진보된 기술의 진입은 막을 수 없는 흐름입니다. 의료 활동에서 가장 근간

그림 3 4차 산업혁명 시대 의료 직업군 변화의 축

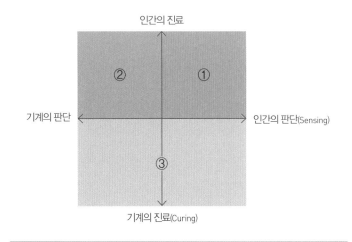

이 되는 질병의 발견과 치료를 두 가지 축으로 삼고, 의료 활동을 수행할 주체를 인간과 기계 이 두 가지로 설정하여 의료업의 패러다임 변화를 살펴보면 [그림 3]과 같지요.

1번 영역은 인간이 질병의 발견, 판단, 진료를 도맡는 영역입니다. 2번 영역은 질병의 발견과 판단은 기계가, 진료는 인간이 맡는 영역, 3번 영역은 발견과 판단은 인간이나 기계가 맡고 진료는 기계가 진행하는 영역이에요.

조금 더 자세히 설명하면 과거와 오늘날의 의료 직업이 1번 영역에 해당하겠지요. 2번 영역은 현재와 가까운 미래의 의료 직업군이 해당하는 영역으로, 선진화된 기술이 인간의 진료를 보조하는 모습으로 이미 나타나고 있어요. 물론 기술이 발전하면서 기계의 보조 정도와 빈도가 높아질 것으로 예상됩니다. 3번 영역은 조금 먼 미래의 의료 직업군에 해당합니다. 지금으로서는 주로 SF 영화 속에서나 마주하는 모습으로, 기계가 질병의 발견, 판단, 치료의 영역을 포괄할 거예요. 과거 영화 속에 등장한 미래 서비스가 기술 발전으로 현재의 삶에 등장하게 된 것을 고려해 보면 아주 먼 미래의 일만은 아니랍니다. 이처럼 다양한 방향으로 새로운 직업들이 생겨나고 융합될 수 있어요. 자, 이제 더 자세히 설명해 드릴게요.

120세 시대를 맞이한 대한민국

앞서 4차 산업혁명을 어떻게 정의했는지 기억나나요? 한 번 더 의료 직업군에서 그 정의를 풀어서 해석하자면, 아톰 세상에서 각자가 지닌 생체 정보가 비트 세상 속 데이터로 변환되면서 의료 직업군이 무궁무진한 변화의 잠재력을 가지게 된 것이지요. 실제로 환자와 만나야만 해결할 수 있던 솔루션을 데이터 교환만으로 진단이 가능해지면서 시간과 공간의 한계를 뛰어넘고 있는 셈이거든요.

이렇게 변화가 많은 의료 직업군의 세계에서 4차 산업혁명이 1차 의료혁명을 이끌어 내고 있다고 해도 과언이 아니랍니

다. 그럼 앞으로 차근차근 자세하게 그 변화의 모습을 함께 탐
구해 보시죠.

인간의 최대 수명은 얼마나 될까?

다산포럼(edasn.org)의 '수명 이야기'를 보면 조선 시대 왕들
의 평균 수명은 겨우 46.1세였다고 합니다. 당시 왕위에서 쫓겨
나 천수를 누리지 못하고 16세에 살해 당한 단종을 빼고 평균
을 내더라도 47.3세로, 조금 늘어나는 수준입니다. 당시 최고
의 생활환경에서 최고의 의료 혜택을 누린 왕들이 47세밖에
살지 못했다니 일반 백성들의 평균 수명은 그보다 훨씬 짧았겠
지요.

한국인의 평균 수명은 굳이 조선 시대까지 거슬러 올라가
지 않아도 그리 길지 않다는 걸 알 수 있어요. 약 60년 전인
1960년에 태어난 아기들의 기대 수명도 겨우 52.4세에 불과했
었지요. 2015년에 태어난 아기들의 기대 수명인 82.1세보다 무
려 30세나 적은 셈이랍니다. 기대 수명Life Expectancy at Birth이란

그림 4 연도별 한국인의 기대 수명 변화

● 여자　● 평균　● 남자

	2004	2005	2006	2007	2008	2009	2010	2011	2012	2013	2014	2015
여자	81.35	81.6	82.1	82.5	83	83.4	83.6	84	84.2	84.6	85	85.2
평균	78.04	78.2	78.8	79.2	79.6	80	80.2	80.6	80.9	81.4	81.8	82.1
남자	74.51	74.9	75.4	75.9	76.2	76.7	76.8	77.3	77.6	78.1	78.6	79

출처: 통계청(성별 기대 수명)

연령별·성별 사망률이 현재 수준으로 유지된다고 가정했을 때, 0세 출생자가 향후 몇 년을 더 살 수 있을지 통계적으로 추정한 기대치를 말합니다. 평균 수명이라고도 하지요. [그림 4]는 한국인의 기대 수명 변화를 정리한 표입니다. 이 그림을 잘 살펴보면 해가 갈수록 우리나라 사람들의 기대 수명이 늘어나고 있다는 것을 알 수 있습니다.

　물론 인간의 수명이 무한대로 늘어나지는 않겠지만 기대 수명이 이렇게 해마다 늘어나는 이유는 무엇일까요? 공중위생 환경의 개선과 경제력 향상에 따른 영양 결핍의 감소, 사회안전망 강화, 건강에 대한 인식과 관심 증가 등 다양한 이유와 함께 의학과 의료 기술의 발전을 빼놓을 수 없을 것입니다. 백신을 통해 전염병을 예방할 수 있게 되었으며, 예전에는 원인조차 알 수 없었던 병들을 치료할 수 있게 되었습니다. 예를 들어 우리나라에서 1951년에 1만 명 이상의 사망자를 냈던 천연두지만 이제는 1979년에 세계적으로 사라진 질병이 되었지요. 1969년에 1,538명의 사망자를 발생시킨 콜레라는 지금은 거의 발생하지 않을뿐더러 발병해도 적절한 치료를 받으면 대부분 회복이 가능한 질병입니다.

2017년 2월 영국의 의학 저널 《랜싯The Lancet》에 실린 세계보건기구WHO와 영국 임패리얼컬리지Imperial College 보건대학의 연구 결과에 따르면, 2030년 태어난 아기들의 기대 수명이 최초로 90세를 돌파할 것이라고 합니다. 그 시작은 바로 한국의 여자 아기들이라니 정말 놀라운 일입니다. 한국 남자 아기들의 기대 수명도 84.1세로 세계 최고를 기록할 것으로 예측되었습니다.

표 1 기대 수명 상위 5개국

여성		남성	
한국	90.8세	한국	84.1세
프랑스	88.6세	호주	84.0세
일본	88.4세	스위스	84.0세
스페인	88.1세	캐나다	83.9세
스위스	87.7세	네덜란드	83.7세

출처: The Lancet, 2030년 출생 기준

혹시 주변에 100세가 넘은 할아버지나 할머니가 계신가요? 가까운 친인척 중에는 안 계시더라도 한 번쯤은 100세 시대라는 말을 들어 봤을 겁니다. 요즘은 더 나아가 120세, 130세 시대라는 말을 쓸 정도인데, 어쩐지 앞서 살펴본 기대 수명과는 차이가 나지 않나요? 120세 시대라는 말은 모든 사람이 120세까지 살 수 있다는 말은 아니에요. 다만 사람의 최대 수명까지 살 가능성이 점점 높아진다고 이해하면 됩니다. 2016년 10월 과학 전문지 《네이처》(nature.com)에 실린 논문을 보면 사람의 최대 수명은 125세라고 합니다.

건강하게, 오래오래

건강하게 80세까지 사는 인생과 100세까지 살기는 하지만 65세부터 아파서 병원에 입원해 있는 날이 더 많은 인생, 둘 중 과연 어떤 쪽이 더 나을까요? 단순히 얼마나 오래 살았느냐가 아니라 건강하게 얼마나 살았느냐를 나타내는 것을 우리는 건강 수명Disability Adjusted Life Expectancy이라고 합니다. 건강 수명은 앞에서 살펴본 기대 수명에서 질병이나 부상으로 몸이 아픈 기간을 제외한 기간입니다. 암이나 교통사고 등 큰 질병이나 크고 작은 사고부터 고혈압, 비만, 정신 질환 등 삶의 질이 저하되는 요소까지 모두 고려되지요.

표 2 기대 수명 상위 5개국의 건강 수명

국가	① 기대 수명	② 건강 수명	② - ①
일본	83.7	74.9	8.8
스위스	83.4	73.1	10.3
싱가포르	83.1	73.9	9.2
스페인	82.8	72.4	10.4
호주	82.8	71.9	10.9

출처: World Health Statistics 2017(WHO), 2015년 출생 기준

세계보건기구의 2017년 건강 통계 자료에 따르면, 2015년 한국인의 건강 수명은 73.2세로 기대 수명 82.3세와 약 9년 정도 차이가 납니다. 다시 말하면 그 9년 동안은 '건강하지 못하게', 즉, 다치거나 아픈 생활을 한다는 뜻으로, 이는 다른 기대 수명이 높은 나라와 비교해도 큰 차이가 없습니다.

가장 이상적인 것은 기대 수명이 곧 건강 수명이라는 것을 여러분도 알겠지요? 지금도 다양한 분야에서는 기대 수명을 늘리려는 노력과 함께 이 차이를 좁히고자 노력하고 있습니다.

아이들이 줄고 있다고?

예전에는 가정에서 아이들이 매우 중요한 비중을 차지했습니다. 그러던 것이 최근에는 가치의 중심이 자녀에서 자기 자신으로 이동하고 있습니다. 1990년대 중반에 등장한 딩크DINK족부터 최근 비혼족, 욜로YOLO족, 포미ForMe족과 같은 다양한 신조어들이 이런 흐름을 잘 보여주고 있습니다.

이런 자기중심 가치관과 더불어 결혼과 출산이 필수가 아

최근 사회 흐름을 보여주는 다양한 용어

- DINKDouble Income, No Kids: 자녀를 두지 않는 맞벌이 부부
- 비혼족: 일부러 결혼을 안 하는 사람들
- YOLOYou Only Live Once: 현재 자신의 행복을 가장 중시하며 소비하는 태도
- ForMe: 건강For Health, 독신One, 여가Recreation, 편의More Convenient, 고
  가Expensive, 자신이 가치를 두는 것에 과감히 투자하는 가치 지향적인
  소비 형태

니라 선택이라는 인식이 확산되면서 1인 가구 비중도 점차 늘어나고 있습니다. 또 이런 인식이 자녀 양육에 대한 경제적 부담감 등과 맞물리다 보니 오늘날 우리나라의 출산율은 세계 최하위 수준에 머물고 있습니다. 그러다 보니 상대적으로 한 아이에게 지출하는 비용은 커지게 되는데요. 아이 한 명을 위해 부모, 조부모, 외조부모 등 어른 여섯 명이 아끼지 않고 지갑을 연다는 의미의 식스 포켓Six Pocket이라는 용어가 등장하기도 했습니다. 요즘에는 거기에 이모, 고모, 삼촌 등이 가세하면서 세븐Seven, 에잇Eight 포켓이라는 용어도 자주 등장합니다.

대한민국이 늙고 있다

앞서 살펴본 것처럼 의료 기술의 발달로 기대 수명이 점차 늘어나는 동시에 저출산 현상으로 전체 인구 중 고령 인구가 차지하는 비율이 점차 늘어나고 있어요. 국제연합은 전체 인구에서 65세 이상의 고령 인구가 차지하는 비율에 따라 7% 이상이면 고령화 사회, 14% 이상이면 고령 사회, 20% 이상이면 초고령 사회로 구분하고 있습니다.

우리나라 행정안전부에서 발표한 「주민등록 인구 통계」에 따르면, 2017년 7월 기준 65세 이상 고령 인구의 비율은 13.97%입니다. 그랬던 것이 8월 말을 기준으로 14%(725만 7,288명으로 전체 인구의 14.02%)를 넘어서면서, 우리나라는 2016년 통계청 미래 인구 추계에서 예상한 2018년보다 1년 빨리 고령 사회로 진입했습니다. 또 국제연합 보고서에 따르면 2026년 우리나라는 초고령 사회 진입이 예상되고 있습니다. 이는 2000년 고령화 사회 진입 후 불과 26년만으로 전 세계적으로 유래를 찾기 힘들게 빠른 속도로 초고령 사회로 넘어가는 것이라고 합니다.

그림 5 건강보험상 노인 의료비 추이

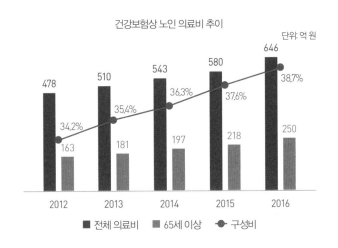

건강보험상 노인 의료비 추이

단위: 억 원

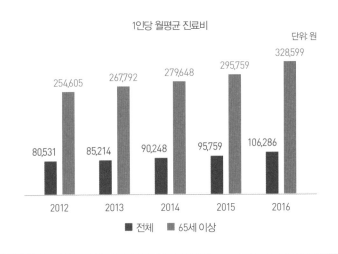

1인당 월평균 진료비

단위: 원

출처: 2016 건강보험 주요 통계, 국민건강보험 빅데이터운영실

고령화에 따라 전체 인구 중 생산 가능 인구(15~64세)의 비율이 줄어들면 경제 성장률이 둔화될 수밖에 없지요. 또 생산 가능 인구의 부양 부담도 커집니다. 혹시 인구 절벽이라는 용어를 들어 본 적이 있나요? 인구 절벽Demographic Cliff은 미국의 경제학자 해리 덴트Harry Dent가 제시한 이론으로, 소비 지출이 왕성한 특정 연령대 인구가 감소세로 돌아선다는 뜻입니다. 다시 말해 이런 인구 절벽이 소비 절벽으로 이어져 경제가 침체에 빠진다는 뜻이지요. 우리나라는 2018년에 소비 지출 정점을 찍고 가파른 감소세가 예상되고 있습니다. 이에 여러 분야의 전문가들이 대비하고자 노력하고 있습니다.

그렇다면 보건·의료 분야에서 고령화는 어떤 영향을 미칠까요? 나이가 들수록 신체 기능이 전반적으로 떨어지면서 질병의 위험이 커지고, 낙상 등 사고의 위험 역시 증가하기 때문에 1인당 의료비 지출은 늘어나게 됩니다. 사회 전체적으로 노인 인구의 비중이 증가하면서 전체 건강보험 진료비 중 65세 이상이 차지하는 비중 역시 점차 높아질 것이며, 노인을 위한 보건·의료 시설과 전문 인력이 점차 확대될 것으로 예상됩니다.

'120세 시대'에 맞는 의료는 어떤 모습일까?

지금까지 의학과 의료 기술은 주로 급성 질환에 대한 치료를 중심으로 발전해 왔습니다. 하지만 비만이나 당뇨처럼 생활 습관이 발병에 큰 영향을 미치는 질환이나 만성 질환이 증가하면서 예방 의학이 점차 중요해지고 있지요. 예방 의학은 건강을 유지하고 관리하여 질병을 예방하는 것부터 병이 났을 때 회복하고 재활하여 사회에 적응할 수 있도록 하는 것까지 아우르는 개념입니다. 덴마크 코펜하겐 시 연구팀이 실시한 연구 결과에 따르면, 일주일에 한 번 조깅하는 것만으로도 건강 수명을 6년 연장할 수 있다고 합니다. 병에 걸린 뒤에 치료한다는 접근 방식보다는 미리 병을 예방하는 것이 건강 수명 연장에 훨씬 효과적이겠지요? 예방 의학으로 건강 수명이 늘어나면 노동 인력에 노인이 포함되는 비율이 높아져서 의료비가 절감되므로, 사회적으로 생산성이 크게 증가하고 비용이 감소하는 효과를 기대할 수 있습니다.

120세 시대에는 예방 의학의 중요성에 대한 인식이 확산되면서 의료진의 역할이 지금과는 다르게 변해 갈 것입니다. 기

표 3 AAL-JP 제품 개발 사례

	Capmouse	DOMEO
프로젝트		
내용	• 고령자의 입술로 컴퓨터 사용이 가능한 기술	• 노년층의 개별 맞춤형 서비스를 제공하는 이동 보조 및 동반자 로봇
	2PCS	ironHand
프로젝트		
내용	• 응급 호출 등 생활에 필요한 서비스를 이용할 수 있게 해 주는 웨어러블 기기	• 고령자의 완력을 강화할 수 있는 스마트 장갑

출처: AAL 홈페이지

존 치료 중심에서 생활 습관 및 식단 관리, 운동 처방 등 예방 의학의 관점에서 개인 맞춤형 종합 건강 증진 컨설턴트 역할이 더욱 증가하겠지요. 의료 지식뿐만 아니라 이를 지원하기 위한 정보통신기술ICT, Information and Communication Technology인 빅데이터 나 인공지능 등에 대한 지식도 갖추고 활용할 수 있어야 합니다. 치료와 처방의 많은 부분을 로봇과 인공지능이 대체하면서 환자와의 교감을 통한 감성 케어가 미래 의료진이 맡을 중요한 역할이 될 것입니다. 물론 이런 예방 의학과 ICT의 발전에도 불구하고, 노인 인구가 절대적으로 증가하면서 노인성 질환인 골다공증이나 치매 환자는 꾸준히 증가할 것입니다. 이에 따라 장기 요양과 재활 등 실버 케어 수요도 함께 증가할 것으로 전망되기에, 정부 차원에서 이에 대비하기 위한 노인 보건 복지 사업을 강화하고 있지요.

고령자를 위한 첨단 의료 보조 기구 산업도 성장할 전망입니다. 대형 의료기기 제조 기업 외에도 참신한 아이디어를 가진 중소기업이나 스타트업Start-Up(설립한 지 오래되지 않은 신생 벤처 기업)에서 다양한 제품을 개발하고 있고, 정부 차원에서도 지원이 이루어지고 있어요. 예를 들어 유럽연합EU, European Union 에서도 AAL−JPAmbient Assisted Living Joint Program를 통해 고령자의 독립적 삶을 지원하는 연구 개발R&D, Research and Development 프로젝트에 6억 유로(약 8,200억 원)를 지원하고 있습니다. 고령자의 입술로 컴퓨터 사용을 가능하게 하는 기술이나 노년층의 개별 맞춤형 서비스를 제공하는 로봇, 응급 호출 웨어러블 기기 등 다수의 제품을 성공적으로 개발한 사례가 있습니다.

지금까지 살펴본 것처럼 120세 시대의 완벽한 의료 지원을 위해서는 의료진 외에도 ICT 엔지니어, 정부, 기업 등 저마다의 역할이 매우 중요합니다. 다시 말하면 굳이 의사, 약사, 간호사 등의 직업을 선택하지 않아도 개인의 적성에 따라 다양한 방면에서 얼마든지 의료 분야에 기여할 수 있는 시대가 된 것이지요.

4차 산업혁명을 통한
의료 산업의 무한 변신

의료 분야에 관심을 두고 있는 여러분에게 4차 산업혁명은
이제 피할 수 없는 중요한 개념입니다. 조금 어려울 수는 있지
만, 그렇기에 더욱 미리 관심 있게 지켜봐야겠지요. 꿈을 이루
기 위해 여러분은 4차 산업혁명이 미래 의료 분야에서 일으킬
변화를 예측하고 준비해야 하니까요. 자, 그러면 의료 분야에
서 4차 산업혁명은 어떤 모습으로 찾아오고 있는 걸까요?

위기에 강한 4차 산업혁명

쉽게 설명하면 4차 산업혁명으로 의료 산업은 더 이상 공간과 시간의 제약에 얽매이지 않게 될 것입니다. 예를 들어 설명해 볼게요. 산간 오지로 탐험을 떠난 산악인 A가 발을 헛디뎌서 계곡으로 추락하여 심하게 다친 응급 상황이 발생했다고 가정해 볼까요? 지금이라면 A의 동료들이 다급하게 휴대폰으로 응급 구조를 요청하겠지요. 물론 통신이 이루어진다면 말입니다. 그런데 통신이 원활하지 않다면 정말 난감해집니다. 여기저기 움직이면서 통신 신호를 찾아서 119를 불러야 할 테니까요. 그러고 나서 지시에 따라 구급차가 정차할 수 있는 곳까지 아픈 환자를 이동시키거나 119 구조대원이 들것에 싣고 환자를 수송해서 구급차까지 와야 할 겁니다. 구조 활동은 여기서 끝이 아니지요. 응급 처치가 가능한 병원으로 한시라도 빨리 환자를 옮기고, 의료진의 다양한 검사와 진단을 거쳐 비로소 적절한 처방을 받을 수 있습니다. 종종 뉴스에서 보듯이 그 과정에서 안타깝게도 '골든타임'을 놓쳐 귀중한 생명을 잃을 수도 있습니다.

그림 6 드론을 통한 미래의 재난 구조(위)와 현재의 재난 구조(아래)

출처: https://upload.wikimedia.org/wikipedia/commons/b/b5/041231(위)
http://www.dslrpros.com/media/wysiwyg/Industrial/Inspire-1-V2-Thermal-Kit.jpg(아래)

　　그렇다면 현재의 의료 기술에 4차 산업혁명의 첨단 ICT 기술이 도입되면 이 안타까운 사례는 어떻게 달라질까요? 다시 산악인 A가 발을 헛디뎌서 계곡으로 추락하는 상황을 가정해 봅시다. 동료들은 A를 구하기 위해 휴대폰으로 119에 연락을 합니다. 그러나 동료들이 연락하기 전에 이미 A가 착용한 웨어러블 헬스 시계가 추락 신호와 그에 따른 불규칙한 맥박과 심장박동, 혈압 이상 등을 평소에 다니던 병원 응급실로 전달합니다. 또한 A의 현재 추락 위치를 파악하여 가까운 구조대에 신호를 보내지요. 응급 상황을 인지한 구조대는 차량이 접근하기 어려운 지역임을 파악하고 인명 구조용 드론으로 타고 추락 지점으로 향하게 됩니다. 구조하러 가는 동안 산악인 A의 부상 상태를 드론형 의료 카메라로 스캔을 하고 가장 우선으로 해야 할 응급 처치를 구조대에게 분석해서 보내게 됩니다.

우선순위를 파악한 구조대는 아마도 오차 없이 산악인 A의 위치를 쉽게 찾아낼 겁니다. 먼저 A의 상태를 드론 카메라로 전송을 받아본 구조요원들이 A에 필요한 응급 처치를 합니다. 그리고는 신속하게 인명 구조용 드론을 통해 교통 체증 등의 위협 없이 안전하고 빠르게 가장 가까운 병원으로 수송하게 됩니다. 병원에서는 이미 A의 부상 상태와 지병은 물론이고 의약품 알레르기 등 의료 빅데이터를 분석하여 필요하면 바로 응급 수술에 들어갈 수 있도록 철저한 준비 속에 환자를 기다리고 있습니다. 물론 이 경우에도 A의 초기 부상 상태가 워낙 심각하다면 병원에 도착하기 전에 안타깝게도 죽음에 이를 수 있습니다. 그러나 첨단 ICT가 도입된 의료 시스템이 보급될 경우, 대부분의 응급 상황에서 적절한 조치만 충분했으면 구할 수 있는, 다시 말해 '골든타임'을 놓쳐서 아까운 생명을 잃는 휴먼 에러는 발생하지 않을 겁니다. 따라서 의료 분야의 4차 산업혁명 도입과 그에 따른 영향은 인간의 생명과 직결되는 중요한 변화라고 할 수 있습니다.

ICT로 발전된 고도의 기술이 의료 분야에 접목된다면 어떤 꿈같은 일이 펼쳐질까요? 절대로 죽지 않아 인간 수명의 한계를 돌파할까요? 아니면 SF 영화처럼 고통도 아픔도 느끼지 못하는 인간으로 사는 것이 목표가 될까요? 영원한 젊음을 위한 '신약' 개발로 늙지도 죽지도 않는 인간 사회를 만들고 싶은 걸까요? 우리 모두 한번쯤 상상해 볼 만한 꿈이 아닐까 합니다.

분명한 것은, ICT가 이끄는 4차 산업혁명을 겪게 되면 우리의 의료 수준은 한층 높아진다는 것입니다. 더 이상 아프지도, 늙지도, 죽지도 않는, '신의 섭리'를 거스르는 목적을 위해서가 아니라 인간이라는 존엄한 존재의 귀한 생명을 더 적극적으로 돌보고, 더 현실적으로 인간애를 실천할 수 있는 또 하나의 도

그림 7 하반신 마비 환자의 보행을 보조하는 기계

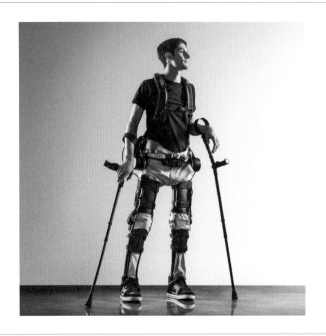

출처: https://www.technologyreview.com

구가 생긴다고 봐야 합니다. 장애인들이 겪고 있는 많은 불편함, 더 나아가 생계의 어려움을 발전된 ICT 기반의 의료 기술로 개선할 수 있다고 합니다. 시각 장애인이 의료 기술의 발달로 다시 시력을 되찾거나, 전신 마비로 힘들게 살아가는 환자가 외골격 재활 로봇 등 첨단 의료 슈트를 입고 일어나 걸을 수 있게 되는 것이지요. 현재도 첨단 ICT 기업에서는 사고로 전신 마비가 된 환자에게 첨단 의료 슈트를 입히고 작동 방식을 연습하여 걷게 하는 실험을 하고 있습니다. 실제로 세계적으로 수백만의 하반신 마비 환자가 있다고 합니다. 갑작스런 사고로 하반신 마비가 된 승마 선수 클레어 로마스가 10여 년 만인 2016년, 외골격 로봇의 도움으로 하프 마라톤에 도전하여 성공한 사례도 있습니다.

인공지능 분야의 트랜스포머, 왓슨

여전히 조금 먼 미래 같나요? 그렇다면 또 다른 예를 들어 보겠습니다. 이세돌에 이어 바둑 세계 1인자인 커제를 가볍게 이긴 그 유명한 '알파고'는 알고 있지요? 그렇다면 우리를 놀라게 한 최초의 인공지능 컴퓨터가 알파고인 걸까요? 사실 알파고 이전에 그 선배 격인 IBM의 슈퍼 컴퓨터 왓슨Watson이 있습니다. IBM의 초대 회장인 토머스 J.왓슨의 이름을 딴 알파고의 '선배'인 셈이지요. IBM은 미국인들이 열광하는 퀴즈쇼에 착안하여 인간을 뛰어넘는 인공지능 시스템 개발을 목적으로 왓슨을 탄생시켰습니다. 수년간의 연구 개발 끝에 2011년 미국의 유명 TV 퀴즈쇼 〈제퍼디jeopardy〉에서 인간과 겨루어 왓슨이 우승한 겁니다. 당시 미국 전역을 놀라게 했던 슈퍼컴퓨터 왓슨의 지금 모습은 어떨까요? 왓슨의 개발사인 IBM은 왓슨이 머신러닝 등 인공지능 컴퓨터 수준이 아니라 인간과 같은 인지 능력이 있는 시스템으로 불리길 바랍니다. 현재 왓슨은 초당 8억 페이지를 읽고, 인간이 몇 달에 걸쳐 분석할 빅데이터를

그림 8 TV 퀴즈쇼에 출연한 왓슨

몇 분 안에 분석하는 등 다양한 분야에서 그 능력을 발휘하고 있습니다.

2011년 퀴즈쇼 스타인 왓슨이 현재 가장 열심히 일하고 있는 분야 중 하나가 바로 의료 분야입니다. 2014년 미국종양학회는 놀라운 결과를 발표했습니다. 경험 많은 의사들이라도 환자의 첫 진료, 즉 초진을 할 때 오진을 할 비율보다 왓슨의 오진률이 현저히 낮기 때문이지요. 왓슨이 암을 정확하게 진단해 내는 비율은 평균 96%에 이릅니다. 다시 말해 인간 의사의 진단 정확도를 압도하는 것이지요. 또 수많은 의사들이 평생 해도 다 분석하기 어려운 1,000만 건의 유전자 변이 해석을 왓슨은 5분 안에 해냅니다. 유전자 데이터를 분석하는 왓슨은 500개의 유전자를 99%의 정확도로 분석하는 놀라운 기술력까지 확보하고 있습니다. 왓슨이 종양 진단에 활용되기 전에는 환자들이 진단을 받기까지 몇 주 동안 기다려야 했지만, 왓슨을 이용하면 5분 만에 진단에 성공할 뿐만 아니라 그 정확도마저 높아 향후에 본격적으로 임상에 적용될 것으로 기대가 높아지고 있습니다.

그렇다면 기존의 인간 의사는 더 이상 필요하지 않은 걸까요? 물론 여전히 중요한 역할을 맡을 전망입니다. 최근 구글은 인공지능을 이용하여 당뇨성 암과 안구 질환 진단에 성공했다고 발표했습니다(Economic Review, 2017. 4. 30). 실명의 위험이 있는 당뇨병성 망막증의 위험도에 비해 이를 신속하게 진단하고 치료할 수 있는 의료진이 부족한 실정이었지요. 구글은 인공지능 딥러닝을 통해 이러한 헬스 사각지대에 도움이 되겠다는 목표를 가지고 있다고 합니다. 물론 여전히 인공지능은 질병에 대한 허위 양성 정보를 걸러 내는 데 어려움이 있습니다. 그래서 바로 이럴 때 인간 의사가 직접 데이터를 최종 판단하고 정확한 진단을 내리는, 가장 고도의 업무를 담당하게 되는 것이지요. 결과적으로 정교하고 정확한 진단과 윤리적인 이슈로 인해서 의료 분야의 ICT 신기술 도입은 인간 의사를 돕는 방향으로 자리를 잡아가고 있답니다. 즉 오랜 시간이 걸리던 의료 자료 수집과 분석 등에서 인간 의사의 수고로움을 덜어 주는 보조 역할을 수행한다는 점에서, 미래의 의사들은 지금보다 더 환자 중심적인 의술을 펼칠 수 있을 것입니다.

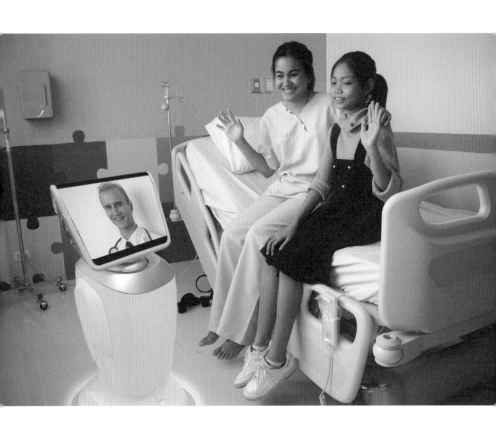

의료진과 환자, 새로운 관계가 시작되다

ICT가 의료 분야에 적용되면서 한 가지 중요한 변화가 일어나고 있습니다. 의료 지식이 이제 더는 일부 전문가에게만 해당되지 않는다는 것입니다. 특별한 의료 분야 전문 지식 과정을 거치지 않아도 검색 한 번으로 인터넷에 있는 다양한 사례들을 확인할 수 있습니다. 또한 병원에 굳이 찾아가지 않아도 다양한 헬스용 웨어러블 기기가 개발되어 의료 정보와 우리의 일상을 좀 더 친밀하게 연결시켜 주고 있습니다. 예를 들어 평소에 혈압이 높은 사람은 정기적으로 병원에 가야만 혈압을 체크할 수 있었던 데 반해서 손목에 웨어러블 기기 하나만 착용하면, 매번 원할 때마다 혈압을 체크하고 이상 데이터가 나오는 즉시 병원에 가서 치료를 받을 수 있게 되는 것이지요.

일상 속 ICT 기반 의료 보급은 전통적인 의료 환경에 새로운 바람을 일으키고 있습니다. 여러분은 의사 선생님을 떠올리면 어떤 모습이 가장 먼저 생각나나요? 하얀 가운을 입고 진료실에서 차트를 보거나 수술을 하기 위해 손에 의료용 장갑을 낀 모습 등이 떠오를 것입니다. 이렇듯 대부분 의사와 환자가

그림 9 의료용 웨어러블 기기

출처: https://www.slideshare.net/akinlax/future-of-wearable-devices-2016

직접 만나는 순간을 떠올리는 경우가 많을 것입니다.

그러나 4차 산업혁명으로 의료계에 ICT 첨단 기술이 들어오면 의사가 환자와 직접 만나야 하는 지금의 모습과는 다소 다른 모습을 보게 될지도 모릅니다. 예를 하나 들어 볼까요? 지금도 이미 인터넷의 도입으로 서울에 사는 한국 젊은이가 멀리 남아메리카 페루에 있는 '랜선' 친구와 이메일과 SNS로 우정을 나눌 수 있는 시대입니다. 의료 분야도 마찬가지입니다. 진료실을 찾아오는 환자를 진료하고 치료하던 의사 선생님은 이제 인터넷을 통해서 멀리 섬에 사는 할머니나 할아버지의 건강 상태를 확인하고, 필요한 약을 처방할 수 있습니다. 필요하면 화상으로 로봇 수술을 할 수 있는 날이 올지도 모르지요. 현재도 어느 정도는 준비가 되어 있지만, 일상에서 실현하기에는 조금 더 '철저한 준비'가 필요하다는 전문가들의 우려 속에 차근차근 단계를 밟고 있는 중입니다.

ICT가 의료 분야에 접목될 때 우리는 어떤 '철저한 준비'를 해야 할까요? 다음 장에서는 미래 의료 분야의 다양한 모습을 하나씩 만나보도록 하겠습니다.

인공지능 의료기기는
의사의 경쟁자일까요?

2016년 봄, 여러분 모두 인공지능 알파고와 이세돌 기사
의 바둑 대결을 보셨을 거예요. 결과는 잘 알고 계시지요?
전국은 그야말로 난리가 났습니다. 그 복잡하다는 바둑
의 세계에서 반상의 제왕 이세돌 기사가 인공지능 앞에서
무력하게 물러났으니까요. 이는 어느새 인공지능이 공상
과학 영화가 아닌, 우리 일상생활 속으로 들어왔음을 알
리는 신호탄이었습니다. 그때 많은 사람들이 얘기했어요.
"이제 바둑은 끝났구나.", "더 이상 누가 바둑을 두겠어.",
"바둑 기사라는 직업은 곧 사라지고 말겠네."

인공지능 알파고와 바둑 기사 이세돌 9단의 대국 장면

하지만, 그 다음에 예상 밖의 일들이 일어났습니다. 전국의 기원에는 바둑을 새로 배워 보겠다고 찾아오는 사람들이 더 늘어났다는 겁니다. 왜 그럴까요? 생각해 봅시다. 여러분은 혹시 바둑의 세계에서 챔피언이 되기 위해 바둑을 두고 있나요? 아마 대부분 그저 바둑이 주는 재미에 빠져 바둑을 두고 있을 겁니다. 과거에는 함께 바둑을 둘 사람을 찾지 못하면 바둑을 둘 수가 없었어요. 상대가 있는 게임이니까요. 하지만, 요즘엔 인터넷 바둑 사이트들이 생겨서 바둑을 두고 싶으면 혼자서도 얼마든지 둘 수 있는 세상이 되었습니다. 또 바둑 실력을 늘리고 싶으면 인터넷을 통해 혼자 배울 수도 있지요. 인공지능 바둑이 생기면서 바둑이 없어지는 것이 아니라, 오히려 바둑 두기가 더 좋은 세상이 온 것이지요.

의료에도 인공지능 기술이 도입되고 있습니다. IBM의 왓슨이 암을 진단하고 치료 방법을 알려 준다는 뉴스를 들어 보신 적이 있을 겁니다. 처음 이 소식을 접했을 때 걱정이 앞서는 의사들도 꽤 있었습니다. "이러다가 의사가 모두 필요 없어지는 거 아냐?"라는 걱정 때문이었죠.

자, 그럼 이 고민이 타당한 것인지 판단해 보기 위해 먼저 왓슨이 무슨 일을 하는지부터 알아 봅시다.

의사의 시간을 늘려주는 슈퍼 컴퓨터

2011년 IBM 왓슨이 퀴즈쇼 〈제퍼디〉에서 우승하자, 뉴욕 메모리얼 슬로언케터링 암센터Memorial Sloan-Kettering Cancer Center 의사들은 '야, 이걸 의료에 이용하면 큰 도움이 되겠구나' 하고 생각했습니다. 왜냐하면 새로운 의료 지식들이 너무 빠른 속도로 늘어나고 있었고, 의사들은 그 모든 정보를 최신으로 유지하기가 점점 어려워지는 상황에 놓여 있었거든요. 의료 정보는 5년마다 2배로 늘어나고 있어서 아무리 전문가라 할지라도 자신의 분야를 최신 상태로 유지하려면 일주일에 160시간을 공부해야 하는 상황이었어요. 일주일은 168시간인데, 그럼 잠은 언제 자고, 일은 언제 하나요? 그러다 보니 오늘날 의료 현장에서는 20%의 지식만이 '근거 기반 의료'라는 이름으로 활용되고 있다는 군요. 같은 질환에 대해서도 의사마다 갖고 있는 정보에 차이가 있다 보니 환자에게 조금씩 다른 방식의 치료가 제공된다는 거지요. 대부분은 환자의 상황에 맞춰 이 약간의 차이가 조율되어 적용되고, 대개 그 결과가 나쁘지 않지만, 아주 가끔씩은 심각하게 혼자 동떨어진 치료를 하는 의사들도 있을 수 있습니다. 이럴 때는 환자가 그 위험에 고스란히 노출될 수도 있다는 뜻이지요.

그래서 IBM 왓슨과 메모리얼 슬로언케터링 암센터의 의료진들이 협동 연구를 시작합니다. 슈퍼 컴퓨터 왓슨은 300가지의 의학 저널과 200가지의 의학 교과서, 1,500만 페이지의 의료 정보와 치료 가이드라인들을 순식간에 읽어 들일 수 있어요. 여기에 메모리얼 슬로언케터링 암센터에서 쌓아온 치료 경험치가 새로운 정보로 추가됩니다. 그럼 이것들이 왓슨이 진료에 어떻게 적용되는지를 함께 살펴볼까요?

여기 암세포가 간으로 전이된 대장암 환자가 있습니다. A라는 약물 치료에 더 이상 반응을 하지 않는 상황이 되었군요. 심장 기능도 좋지 않아 숨이 좀 찬 상태입니다. 65세 남자 환자로 대장암 조직 형태는 분화도가 좋은 선암이라는 것이었어요. IBM 왓슨은 환자의 정보와 문헌상의 지식, 메모리얼 슬로언케터링 암센터의 치료 경험들을 비교하여 최적의 치료가 무엇인지를 제시합니다. 이 환자에게 B라는 치료를 하면 좋은 반응을 보일 확률이 70%이고, C라는 치료에는 40%의 확률로 반응할 겁니다. 이런 식이지요.

그런데 아직 IBM 왓슨이 제안하는 치료법은 충분히 만족스럽지는 못한 것 같습니다. 우리나라에도 몇몇 병원이 IBM 왓슨을 도입했는데, 대장암에서 왓슨이 추천한 치료법과 의료진이 생각하는 의료법이 일치하는 확률이 아직

50~60% 정도에 머물고 있다고 합니다. 왜일까요? 이는 나라마다 효과가 있고 사용할 수 있다고 여기는 치료법에 차이가 있기 때문입니다. 서양인과 한국인이라는 인종적 차이, 그 생물학적 차이도 무시할 수 없겠지요. 또 의료 보험 등 제도의 차이와 더불어 사용 가능한 약제들에도 차이가 있어요. 결국 IBM 왓슨이 우리나라 환자 치료에 도움이 되려면, 먼저 우리나라 현실에 맞는 의료 지식을 추가로 학습해야 하는 겁니다.

여기에 중요한 포인트가 있습니다. IBM 왓슨은 의료진의 판단을 돕는 데 유용합니다. 수많은 문헌을 검색하여, 미처 의료진이 읽고 습득하지 못한 지식을 제공해 주니까요. 하지만 IBM 왓슨에게 필요한 지식을 공급해 주는 것은 결국 의학을 공부하는 연구자들입니다. 한국인에 맞는 치료법을 열심히 연구하여 새로운 지식을 만들어 나가야, 이를 학습하여 왓슨도 더욱 적절한 치료법을 제시할 수 있는 거지요. 이런 걸 보면 역시 인공지능 의료기기는 의

한번에 300가지의 의학 저널과 200가지의 의학 교과서, 1,500만 페이지의 의료 정보와 치료 가이드라인을 읽어 들일 수 있는 슈퍼컴퓨터 왓슨. 왓슨은 앞으로 의사의 일과 시간을 얼마나 단축시킬 수 있을까?

출처: IBM

사의 경쟁자라기보다는 함께 협력하고 돕는 동반자에 가
깝군요.

의사의 좋은 동반자, 인공지능 의료기기

현재 인공지능 의료기기는 왓슨처럼 의학 지식을 검색하
고 요약하여 환자 맞춤형으로 제시하는 임상 판단 보조
시스템보다는 폐 CT나, 병리 조직슬라이드를 판독하는
일과 같이 영상 진단 분야에서 먼저 강력한 성과를 낼 가
능성이 높습니다. 요즘 가장 각광 받고 있는 인공지능 학
습 방식인 딥러닝으로 가장 먼저 정복이 가능해질 분야
가 바로 이미지 인식 분야이기 때문입니다. 영상 판독 인
공지능 의료기기의 성능이 충분히 좋아지면 엑스레이x-ray
영상이나 병리 판독은 소프트웨어에게 맡기는 것이 더 효
율적인 상황이 될 수 있을 것입니다. 물론 최종 판정은 의
사가 하겠지만, 제한된 시간 안에 한 명의 의사가 판독하

고 처리하던 것에 비해 영상 진단 건수는 지금과는 비교도 할 수 없이 늘어날 겁니다. 결국 의료 현장에서 판독을 담당하는 영상의학이나 병리 의사들은 덜 필요해질 수 있고 그만큼 수적으로 줄어들 수 있겠지요. 하지만 이러한 영상 판독 소프트웨어들을 계속 개발하기 위해 연구에 집중하는 의사들은 오히려 더 많이 필요해질 것입니다.

인공지능 의료기기가 의사라는 직업을 대체하지는 못할 것입니다. 육체를 가진 인간이 존재하는 한 건강과 질병을 담당하고 적절한 치료 행위를 전달해 주는 역할은 그저 하나의 직업으로 결코 소멸될 수 없습니다. 인공지능은 오히려 의사들이 원활하고 질 높은 의료 행위를 할 수 있도록 돕는 좋은 기술적 동반자가 될 것입니다.

하지만 의사가 하는 일들, 다시 말해 의사의 역할에는 많은 변화가 있을 겁니다. 인공지능은 직업을 대체하는 것이 아니라 작업을 대체한다는 말이 있습니다. 인공지능이 대신해 줄 수 있는 작업은 인공지능에게 맡기고, 인간 의사는 의료 행위를 환자에게 전달하는 일에 더욱 치중할 수 있을 것입니다. 진료 과목에 따라 더 많은 영향을 받는 곳도 있고 아닌 곳도 있겠지만, 지금처럼 정신 없이 바쁜 의사들에게 3분도 안 되는 진료를 받고 등 떠밀려 나오는 상황은 많이 나아지겠지요? 인공지능과 함께하는 의료의 미래는 대체로 밝을 것이라 생각합니다.

CHAPTER 2

ICT 기술이 바꾸는
의료 분야 직업의 미래

건강한 삶으로
이끌어 주는 의사

의과대학 졸업식에 가보면 뭉클한 장면이 있습니다. 바로 히포크라테스 선서입니다. 의사의 소명에 대해 히포크라테스 선서보다 더 잘 설명하는 내용은 아마 없을 것입니다. 그렇다면 4차 산업혁명으로 이런 의사의 소명 자체가 변하는 것일까요? 물론 '결코 그렇지 않다'입니다. 오히려 인공지능 등 과학기술의 발달은 이 소명을 '제대로' 수행하기 위한 환경을 마련해 줄 것입니다.

이렇게 감동적인 선서를 하고 비로소 하얀 가운을 입게 된 의사는 어떤 일을 하게 될까요? 2013년 영국의 의료업계 평가

히포크라테스 선서

이제 의업에 종사할 허락을 받으매 나의 생애를 인류 봉사에 바칠 것을 엄숙히 서약하노라.

나의 은사에 대하여 존경과 감사를 드리겠노라.

나의 양심과 위엄으로서 의술을 베풀겠노라.

나의 환자의 건강과 생명을 첫째로 생각하겠노라.

나는 환자가 알려준 모든 내정의 비밀을 지키겠노라.

나의 위업의 고귀한 전통과 명예를 유지하겠노라.

나는 동업자를 형제처럼 생각하겠노라.

나는 인종, 종교, 국적, 정당정파, 또는 사회적 지위 여하를 초월하여 오직 환자에게 대한 나의 의무를 지키겠노라.

나는 인간의 생명을 수태된 때로부터 지상의 것으로 존중히 여기겠노라.

비록 위협을 당할지라도 나의 지식을 인도에 어긋나게 쓰지 않겠노라.

이상의 서약을 나의 자유 의사로 나의 명예를 받들어 하노라.

기관인 영국의학위원회GMC: General Medical Council는 의사의 의무와 관련해서 다음의 4가지 영역을 발표했습니다.

① 높은 수준의 의료 지식, 의술, 지속적인 학습과 실습 필요

② 우선적으로 환자의 안전과 건강 개선 기여

③ 환자에 대한 존중과 파트너십에 기반을 둔 지속적 지원

④ 진실에 기반을 두고 환자와 신뢰 관계 구축

이 4가지를 좋은 의사가 되기 위한 의무 사항으로 제시했습니다.

인공지능 등 ICT가 의료 분야에 적극 투입되고 활용되면 이런 역할은 더 적극적으로 변화될 것입니다. 의사의 역할을 한 마디로 정의하면 우리의 '건강' 관리입니다. 그렇다면 건강 관리는 어떻게 이루어질까요? 우리가 알고 있는 의사 선생님은 어떤 일을 하나요? 흔히 정기 검진을 통해서 질병 유무를 확인하고, 질병 발생 시 정확한 병명을 진단하고 투약, 수술 등의 처치를 합니다. 또한 일정 기간 관리를 통해서 해당 질병의 완치를 돕습니다. 안타깝게도 현재는 발병 이전에 예방 대책을 누리기보다는 병증이 나타닌 이후에 병원을 방문해서 의료진의 도움을 받는 경우가 더 많습니다.

우리의 맞춤형 건강 관리 전문가

미래의 의사 선생님은 구체적으로 어떤 일을 할까요? 그 전에 여러분은 혹시 예방 의학이라는 말을 들어본 적이 있나요? 일반적으로 의사의 일은 크게 기초 의학, 임상 의학, 예방 의학으로 나뉩니다. 기초 의학은 환자를 직접 만나지는 않지만 인간 생명에 대한 근본적 질문에 답하며 여러 질병의 원인과 치료 방법을 찾는 분야입니다. 여러분들이 이 분야를 선택한다면 해부학, 조직학, 생리학, 생화학, 약리학, 병리학, 미생물학, 기생충학, 위생학, 공중위생학, 법의학 등을 연구하게 됩니다. 임상 의학은 우리가 동네 병원과 대학병원에서 만날 수 있는 의사 선생님들의 전공 분야입니다. 내과, 외과, 소아과, 산부인과, 정신과, 이비인후과 등 병원에서 환자들을 직접 만나서 병을 진단하고 치료하는 일을 주로 합니다. 예방 의학은 말 그대로 병이 발병하기 전에 신체적, 정신적, 사회적 질병을 먼저 개선하고 방지하는 데 그 목적이 있습니다.

현재는 6년의 의대 과정을 마치면 대부분 임상 의학을 선택합니다. 그러나 인공지능 등 ICT가 의료 현장에 투입되면 '임상

그림 10 기초 의학을 전공하는 의료진(위)과 예방 의학을 전공하는 의료진(아래)

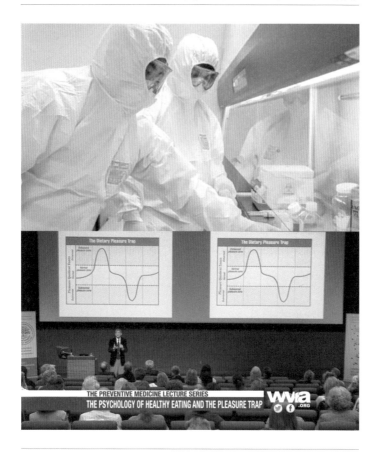

출처: http://dimg.donga.com/wps/NEWS/IMAGE/2016/10/03/80589691.1.jpg (위)
http://bento.cdn.pbs.org/hostedbento—prod/blog/20170522_210848_162249_gcsm_pleasure.
png(아래)

의학' 중심이던 지금의 모습에서 벗어나, 질병의 원인을 분석한다는 점에서 좀 더 적극적인 의료 활동이라고 할 수 있는 '기초 의학'이나 발병을 사전 차단하는 데 도움을 주는 '예방 의학'이 각광을 받을 것으로 전망됩니다. 질병만 치료하는 의사가 아니라, 개인별로 맞춤형 질병 원인을 분석하고 미리 예방할 수 있는 분야가 더욱 발전한다는 뜻입니다. 이는 역시 '병원으로 간 인공지능' 덕분입니다. 의사가 평생에 걸쳐도 다 읽을 수 없는 분량을 인공지능 '의료 도우미'는 짧은 시간에 읽고 그 결과로 의사의 판단을 지원해 줄 수 있습니다. 실제로 IBM 왓슨은 초당 100만 권의 의료 서적을 읽는 수준으로, 의료 현장에 투입되어 제 역할을 하고 있지요. 앞서 소개했듯이 최근 뉴욕 메모리얼 슬로케터링 암센터는 왓슨 종양 내과를 신설, 의사의 암 판독을 돕고 있습니다. 그렇다면 우리가 '의사 선생님'으로 가장 친숙하게 기억하는 임상 의학 분야 의사들의 모습은 어떻게 바뀔지 하나씩 알아보기로 해요.

수술실 밖으로 나온 의사 선생님

수술 로봇은 더 이상 낯설지 않습니다. 더 나아가 영상 판독에도 인공지능이 활용되고 있습니다. 영상 의학과 의사가 1년 동안 진단하는 엑스레이 영상은 평균 5만 개로 10분에 1개 수준입니다. 그러나 인간이기에 피로도 등에 따라 오진도 종종 발생하고 맙니다. 하지만 인공지능 영상 판독기는 인간 의사보다 50% 이상 높은 정확도를 자랑합니다. 뿐만 아니라 진단 검사 시간도 절반으로 단축하기 때문에 현재 의료 분야에 활용되고 있습니다.

조금 더 미래를 내다볼까요? 미국 항공 우주국NASA은 우주 여행을 대비해서, 외과 의사의 직접적인 조작 없이도 스스로 수술하는 로봇을 연구 중입니다. 우리나라도 2005년 17건에 불과했던 로봇 수술이 최근에는 1만여 건에 이르고 있습니다. 앞으로는 이렇게 로봇을 활용하는 수술의 종류도 늘어날 것으로 내다보고 있습니다.

이렇게 진료실이나 수술실에서 환자를 직접 대면하는 일이 줄어든다면 의사는 과연 어떤 일을 하게 될까요? 마치 앞으로

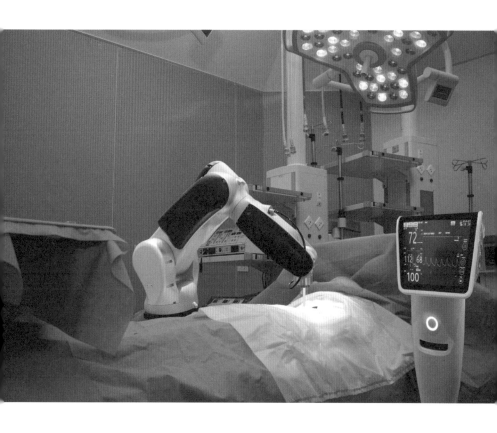

의사가 하는 일이 줄어드는 것처럼 보이지만 실제로는 그 반대가 될 가능성이 높습니다. 진료실과 수술실에서 하얀 가운을 입고 움직이는 대신, 앞으로 의사들은 컴퓨터 앞이나 실험실에서 보내는 시간이 많아질 것입니다. 단순히 당장 눈에 보이는 질병을 치료하는 것뿐 아니라, 사고로 팔다리를 잃은 환자에게 의학적 지식에 기반을 둔 인공 의족 등 웨어러블 보조기구를 제작하여 환자의 재활을 돕는 것이지요. 그러기 위해서는 의학적 지식뿐 아니라 물리학, 수학, 공학 등 여러 분야의 지식을 융합하는 것이 필요합니다. 이렇듯 학문 간 지식을 융합하고 환자 개개인에게 맞춤형 솔루션을 제공한다는 점에서 앞으로 의사의 역할이 더욱 중요해진다고 볼 수 있습니다.

또 오지에 있는 환자를 원격으로 진료하거나 질환별 환자 맞춤형 의료 앱을 개발하여 스스로 건강 관리를 할 수 있게 돕기도 합니다. 실제로 2014년 미국 미시간 대학교 의대 정신과 멜빈 맥기니스 교수는 조울증을 판단하는 '프라이어리' 앱을 개발했습니다 앱을 사용하는 사람의 음성 크기와 말의 속도 같은 음성 패턴을 통화 중에 분석해 조울증 진단에 도움을 주고 있습니다. 이처럼 헬스 케어를 위한 웨어러블 기기 등을 개

그림 11 미래컴퍼니의 복강경 수술 로봇(위)과 기침 소리로 폐렴 여부를 진단하는 레스앱(ResApp) 화면(아래)

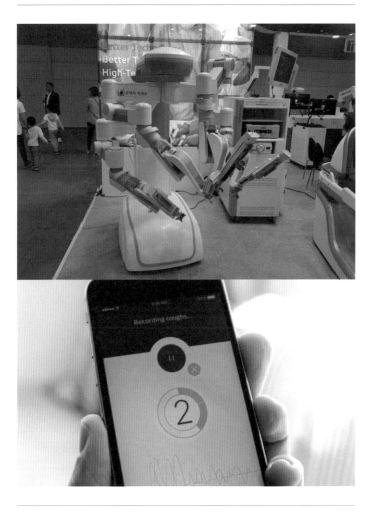

출처: http://cfile8.uf.tistory.com/image/272C843F58086F80234295 (위)
http://image.dongascience.com/Photo/2017/06/149861517855.jpg(아래)

발하여 의료 환경 개선에 기여하는 일도 미래 의사의 몫이 될 것입니다.

치료보다 예방이 우선

인공지능이 의료 분야에 도입되면 단순히 지식을 축적하거나 표준화된 치료를 하는 의사의 역할은 줄어들 것으로 전망합니다. 그러나 이런 인공지능의 등장으로 그간 임상 의학보다 관심을 덜 받았던 기초 의학과 예방 의학이 새로운 전기를 맞이하고 있습니다. 다량의 정보를 순식간에 분석하고 빅데이터를 통해서 개인 맞춤형 의료 서비스가 가능해지기 때문입니다. 특히 유전에 따른 특정 질환을 사전에 파악하고 다수에게 널리 사용되는 치료 방법 대신 개인의 유전자 특성에 맞춰 사전 예방하는 방안을 제공할 수 있게 될 것입니다.

미래에는 기대 수명이 120세에 달한다고 합니다. 이미 인구 절벽이 시작된 대한민국은 고령화가 또 하나의 사회 문제로 부각되고 있습니다. 의료 분야에서 고령화는 이전 시대에는 겪어 보지 못했던 새로운 환자군이라고 할 수 있습니다. 또 인간이 원하지 않아도 의학 기술의 발달로 30여 년은 덤으로 살게 될 '알파 에이지' 시대는 의사들에게 또 하나의 도전 과제가 될 것입니다. 따라서 미래의 의사는 고령화에 따라 인간의 삶 전체에 대한 헬스 케어를 제공하는 일을 맡게 될 것입니다. '요람에서 무덤까지' 인간의 '건강과 행복'을 책임지는 것입니다.

이미 유전자 정보를 담고 있는 DNA 분석을 통해서 앞으로 발생할 질병을 예측하고 사전에 그 원인을 제거하는 데도 인공지능이 사용되고 있습니다. 미국의 유명 배우 안젤리나 졸리가 암을 유발할 가능성이 있는 유전자를 발견하고 사전에 절제 수술을 통해 병을 예방한 것이 그 대표적인 사례입니다.

한 사람이 평생에 걸쳐 만들어내는 건강 관련 정보가 어느 정도인지 알고 있나요? IBM의 발표에 따르면, 한 사람당 최대 1,100테라바이트TB라는 엄청난 분량의 헬스 데이터를 산출한다고 합니다. 이는 책으로 치면 약 3억 권 분량으로, 가늠하기조차 어마어마한 크기라고 하네요. 이 많은 데이터는 인간 의사가 도저히 분석할 수 없는 양입니다. 바로 이런 상황에서 인공지능이 유용하게 활용될 것입니다. 인공지능의 역량은 유전병의 원인을 분석하고 차단하는 데 기여할 것입니다. 인간이 지금보다 쾌적하고 안전한 환경에서 자신의 존엄성을 유지하면서 살아갈 수 있도록 인공지능이 핵심적인 기능을 하게 된다는 뜻입니다. 우리가 활용해야 할 인공지능은 방대하고 복잡한 데이터를 분석하여 맞춤형 헬스 케어 조언을 할 수 있습니다. 또 바이오 데이터를 분석하여 질병에 대해 사전 경보를 제공하면서 의료 전문가의 손길이 닿지 못하는 영역에서 더욱 활약할 것으로 전망됩니다.

인공지능과 의사의 의미 있는 공존

인공지능 로봇을 병원에서 만나는 날도 머지않았습니다. 물론 지금도 병원에서 인공지능 컴퓨터가 맹활약하고 있지만요. 앞으로 여러분이 의대에 진학하고 실습을 하는 나이가 될 무렵에는 병원 로비에서 환자를 응대하고 진료실이나 수술실에서 의사를 돕는 인공지능 로봇을 어렵지 않게 만나게 될 것입니다. 이렇게 인간 의사와 인공지능 의사의 공존은 이미 시

그림 12 4차 산업혁명 시대의 미래 의사(위)와 키오스크에서 만나는 미래 의사 (아래)

출처: http://ehrinsights.srssoft.com/wp-content/uploads/2013/04/ehr-futuristic-300x180.jpg (위)
http://socialfabric.com/wp-content/uploads/2016/04/8ebd9c2e81812ead3f33138e25dd5aac. jpg(아래)

작된 변화라고 할 수 있답니다. 미국 하버드 대학교 의대에서
는 조만간 의대생을 대상으로 새로운 커리큘럼을 시도할 예정
입니다. 기존 의대 커리큘럼은 방대한 의학 지식과 정보를 암
기하는 방식으로 진행되어왔지요. 그러나 4차 산업혁명의 흐

름을 이해한 하버드 대학교에서는 새로운 의대 커리큘럼을 만들기 시작했습니다. 바로 강의 위주로 진행됐던 수업 내용을 학생들이 사전에 미디어 교재를 활용하여 공부하는 겁니다. 해당 수업의 지식과 정보를 학생들이 먼저 학습하고 참여하는 실제 수업에서는 문제 해결 중심으로 진행될 예정입니다. 이는 단순한 암기와 반복적 수술 등 다량의 정보나 임상 경험으로 의사의 수준을 정의하던 시대가 지나가고 있다는 뜻입니다. 그런 영역은 인공지능이 충분히 대체할 수 있는 분야니까요.

발명가 토머스 에디슨은 그 미래학적 식견을 통해서 '미래의 의사는 환자에게 약을 주기보다는 환자가 자신의 체질과 음식, 질병의 원인과 예방에 관심을 갖게 할 것이다'라고 예견하기도 했습니다. 100여 년 전 세상을 살았던 그의 통찰력이 정말 놀라울 따름입니다. 더불어 이것이 미래 의사들이 지녀야 할 사명이라고 할 것입니다.

한 걸음 더
사람에게 다가서는 약사

누구나 한번은 몸이 아파 병원에서 진료를 받은 후 처방전을 들고 약국에 간 적이 있을 겁니다. 약국에 가면 약사가 약을 지어 주면서 어떤 약들이 들어 있고 언제 어떻게 먹어야 하는지, 또 무엇을 주의해야 하는지 알려 줍니다. 이를 조금 어려운 말로 하면 약을 지어 주는 것은 조제, 약 먹는 방법을 알려 주는 것은 복약 지도라고 하지요. 이렇게 약사는 가깝게는 약국에서 조제와 복약 지도를 해 주기도 하지만, 넓게는 제약 회사에서 새로운 의약품을 개발하거나 공공 기관 또는 연구소에서 화학 물질의 안전성 평가, 성분 분석 등과 같이 의약품과 관련된 다양한 업무를 담당합니다. 우리나라에서 약사가 되려면 약학 대학을 졸업하고 약사 국가시험에 합격해야 합니다.

로봇, 사람을 대신해 약을 짓다

2016년 삼성서울병원이 국내 최초로 항암제 조제 로봇 '아포테카 케모Apoteca Chemo'를 도입했습니다. 아포테카 케모는 항암제를 조제할 때 발생하는 나쁜 증기를 사람 약사가 흡입해 발생할 수 있는 사고 위험을 막고, 병원 시스템과 연결해 수요가 발생하는 동시에 자동으로 조제가 가능합니다. 또한 바코드를 통해 조제 오류를 예방하는 등 다양한 장점을 지니고 있지요. 실제로 이 로봇은 하루 평균 항암제 30개 품목 100여 건을 조제하고 있는데, 이는 베테랑 약사 2~3명 몫을 혼자 해내는 것과 마찬가지라고 합니다.

로봇이 조제를 맡은 또 다른 사례가 있습니다. 대형 병원을 중심으로 설치되고 있는 자동화 약품 공급 캐비닛ADC, Automated Dispensing Cabinet이 그렇습니다. 자동화 약품 공급 캐비닛은 처

그림 13 항암제 조제 로봇 아포테카 케모

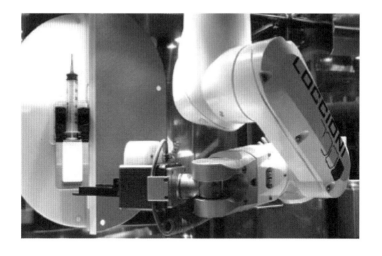

출처: 로봇신문

방 내역을 전달받으면 그 내역대로 약품을 제공하는 시스템으로, 처방에서 조제까지 전 과정에 걸리는 시간을 최소화할 수 있습니다. 서울성모병원의 자동화 약품 공급 캐비닛 시범 운영 결과에 따르면, 응급약을 제공하는 시간이 최대 30분에서 5분으로 매우 짧아졌으며, 약품 보관 및 운반 과정에서 발생할 수 있는 약품 파손이나 손실 발생도 없어졌다고 합니다. 시장 조사 기관인 BCC 리서치BCC Research에 따르면, 이런 로봇 조제 등 자동화 추세는 앞으로도 지속될 전망이라고 해요.

신약 개발에 나선 인공지능

앞서 설명한 대로 약사의 또 다른 역할은 신약 개발입니다. 이 분야도 4차 산업혁명 시대를 맞아 변화하고 있습니다. 신약 개발 분야에서 ICT가 어떻게 활용되고 있는지 지금부터 알아 볼게요.

약품마다 차이는 있겠지만 신약 개발에는 평균 12~15년이라는 긴 기간이 소요됩니다. 약 1,000명 이상의 연구 인력과 1.6조 원이 넘는 어마어마한 연구 자금도 필요하지요. 이렇게 시간과 비용은 수만 개의 신약 후보 물질 중에서 임상 실험이 가능한 물질을 선별하는 과정에 상당 부분 소요됩니다. 물질 선별 이후에는 임상 실험을 거쳐 규제 기관의 승인을 받아 신약이 탄생합니다.

첨단 기술 정보를 제공하는 포털사이트 '싱귤래리티 허브 Singularity Hub'의 2017년 5월 기사에 따르면, 미국의 신약 개발

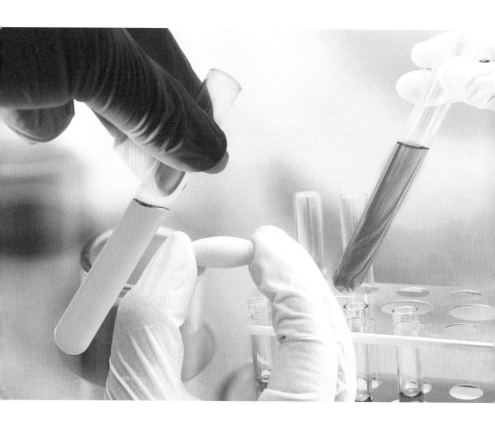

전문 스타트업 아톰와이즈AtomWise에서 개발한 시스템 아톰넷 AtomNet은 선별 과정에 소요되는 시간과 비용을 획기적으로 줄일 수 있다고 합니다. 아톰넷은 서로 다른 후보 물질들의 상호작용을 인공지능으로 분석하여 단 하루 만에 100만 개의 화합물을 선별해 내는 능력을 갖추고 있습니다. 이 기능을 바탕으로 아톰와이즈는 이미 에볼라와 다발성경화증, 이 2가지 질병에 대한 신약 후보를 2개나 발견했다고 합니다. 앞으로 신약 개발 분야에서 인공지능이 어떤 활약을 해 줄지 더욱 기대됩니다.

개인 맞춤형 약물 시대가 열린다

앞에서 살펴본 것처럼 신약 개발은 대규모 투자가 필요한 만큼 대형 제약 회사를 중심으로 개발되며 개발 이후에는 대량 생산을 합니다. 하지만 같은 음식도 누군가에게는 좋은 영양 공급원이지만 누군가에게는 알레르기 반응을 일으켜 심하면 사망에 이르게 하듯이, 약도 체질에 따라 효과의 정도가 다르고 어떤 때는 독이 되기도 합니다. 그러나 제약 회사 입장에서는 개개인의 특성을 반영하여 일일이 다른 약을 개발할 수도 없는 노릇입니다.

그럼 나에게 꼭 맞는 약은 어디서 찾아야 할까요? 3D 프린팅이 해답이 될 수 있습니다. 우리가 아는 프린터가 종이에 평면적인 글자나 그림을 인쇄했다면, 3D 프린팅은 입체적인 모형을 출력하는 기술입니다. 4차 산업혁명과 제조업 혁신을 이끌 것으로 평가되는 기술이지요. 영국 글래스고Glasgow 대학교의 리 크로닌Lee Cronin은 '테드TED[Technology(기술), Entertainment(재미), Design(디자인)]'라는 제목의 강연에서 환자 각자의 줄기세포 유전자를 분석해 한 사람을 위한 약을 프린트하는 날이 올 것이라고 전망했답니다.

아직 완벽한 개인 맞춤형 약이라고는 할 수 없지만, 이미 3D 프린터로 제작하는 약이 있습니다. 미국 아프레시아Aprecia라는 제약 회사는 3D 프린터로 스프리탐Spiritam이라는 항경련제 약물(간질 치료제)을 만들어 2015년 8월 세계 최초로 미국 식품의약국FDA, Food and Drug Administration 승인을 받았습니다. 이 약은 특수 프린팅 기술을 적용해 빨리 녹는 특징이 있으며 삼키기 쉬워 약을 먹기 어려운 소아나 고령자, 특수 환자가 쉽게 복용할 수 있고 흡수 또한 빨라 효과적이라고 합니다. 또 환자의 연령이나 상태에 맞게 처방이 가능하도록 스프리탐을 4가지 용량(250mg, 500mg, 750mg, 1000mg)으로 제조하여 판매 중입니다. 더 이상 예전처럼 알약을 쪼개거나 2알 이상 처방하지 않아도 되는 개인 맞춤형 약물 시대를 한발 앞당긴 것이지요.

이렇듯 미래에는 의료 기술, 인공지능 기술과 함께 3D 프린

그림 14 세계 최초 3D 프린팅 약물 스프리탐

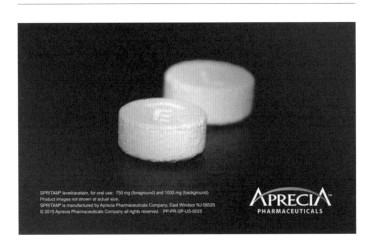

출처: 3ders.org

팅 기술의 발달로 약을 생산하는 방식 자체의 개념이 달라질 것입니다. 인공지능이 환자 개인의 빅데이터 분석을 통해 약물의 용량뿐 아니라 성분이나 복용 방법까지 개인별로 최적화된 솔루션을 제공하고, 이 데이터를 3D 프린터로 보내 환자 개인을 위한 맞춤형 약을 생산하는 날이 머지않았다는 뜻입니다.

새롭게 정의되는 약사의 역할

앞에서 살펴본 것처럼 항암제 조제처럼 약사들에게 위험한 부분을 인공지능 로봇이 대신 해 주고, 자동화 시스템이 오류 없이 빠르게 다량의 조제 업무를 처리해 주며, 인공지능과 3D 프린팅을 통해 환자 맞춤형 약을 생산하는 시대가 온다니 정말 환영할 만한 일입니다. 그런데 로봇과 인공지능과 같은 첨단 기술이 약사의 역할을 모두 대신한다면, 약국에서 약사 선생님은 사라지고 로봇만 만나게 되지는 않을까요? 실제로 2016년 국제연합이 발표한 「2045년 미래보고서」에서는 로봇과 인공지능의 등장으로 '약사'라는 직업이 사라질 것이라는 분석

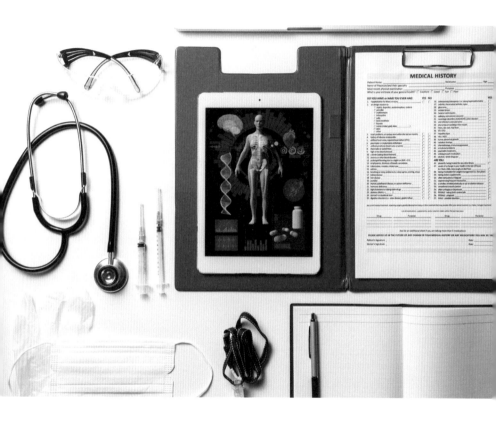

결과를 내놓았습니다. 한국고용정보원에서 2017년 1월 발표한 「인공지능·로봇의 일자리 대체 가능성 조사」에서도 2025년 사람을 대체할 가능성이 큰 직업을 분석한 결과, 보건·의료 분야에서 약사·한약사가 68.3%로 대체 가능성이 가장 높은 직업군으로 조사되었습니다.

하지만 실제로 환자에게 약을 조제한다는 것은 그리 간단한 문제는 아닙니다. 환자 개인의 나이나 성별, 인종, 유전 정보, 약물에 대한 반응과 이력 등 데이터화가 가능한 부분은 인공지능 약사가 처리할 수 있겠지요. 그러나 환자의 심리나 현재 감정 상태, 컨디션, 주변 생활환경의 급격한 변화 등 약사가 직접 면담을 통해서만 파악할 수 있는 부분도 많습니다. 미래의 약사는 인공지능 약사로부터 환자에 대한 객관적인 데이터와 최신 기술 동향 분석을 바탕으로 처방 의견을 받게 됩니다. 이렇게 엄청나게 많은 데이터 속에서 의미 있는 정보를 찾는 일은 인공지능 약사가 훨씬 빠르고 정확하게 처리할 수 있거든요. 약사는 인공지능 약사의 처방 의견을 참고하여 약사 자신이 면담을 통해 수집한 정보와 임상적 지식, 경험을 토대로 처방을 하고 이에 대한 최종 책임을 지는 역할을 하게 될 것입니다. 물론 약사의 처방 이후 노동 집약적인 단순 조제 업무는 첨단 자동화 기계가 대체하겠지요.

다시 말하면 미래에 약사라는 직업이 사라지는 것이 아니라 첨단 ICT를 최대한 활용하면서 사람인 약사가 잘할 수 있는 분야로 역할이 집중된다는 것이지요. 데이터 검토나 단순 조제와 같은 업무는 인공지능 약사와 자동 시스템에 맡기고, 약사는 환자의 기분과 감정 상태를 살피는 등 환자에게 제공하는 서비스에 좀 더 많은 시간을 쓸 수 있게 됩니다. 그리고 다른 분야 의료 전문가와 협력하여 복잡한 문제를 해결하거나 새로운 약학 지식을 연구하는 것도 사람인 약사의 몫이지요. 앞으로 개인 건강에 대한 관심이 점점 높아지고 인구가 고령화되면서 환자의 식단이나 만성질환 등 건강 관리에 대한 조언을 제공하는 부분도 미래 약사의 중요한 역할이 될 것입니다.

아픈 몸과 마음을
돌봐 주는 간호사

여러분은 '간호사' 하면 어떤 이미지가 떠오르나요? 물론 여러분이 싫어하는 주사를 놓는 분이기도 하지만, 병원에 가면 가장 먼저 반겨 주는 분이기도 하지요. 또 의사 선생님을 도와 항상 환자와 가까운 곳에서 환자의 건강 상태를 꼼꼼히 챙겨 주는 분이랍니다. 즉 환자에 대한 보살핌과 돌봄이 간호사의 가장 중요한 역할입니다.

또한 간호사는 가정이나 지역 사회를 대상으로 건강 유지와 증진을 도와주는 다양한 활동을 한답니다. 간호사가 되기위해서는 간호교육을 이수하고 간호사 국가시험에 합격해야 해요. 그럼 ICT 발전이 간호 분야에서는 어떻게 활용되고 있는지 함께 알아볼까요?

인공지능 간호사가 나타났다!

의사의 역할을 대신할 수 있는 IBM의 인공지능 왓슨을 기억하시나요? 간호 분야에서도 돌봄 서비스를 제공하는 인공지

그림 15 인공지능 간호사 몰리

출처: 센스리(Sense.ly) 홈페이지

능 간호사 몰리Molly가 등장했습니다.

몰리는 미국 벤처기업 센스리Sense.ly가 개발한 간호사 아바타로, 인공지능 음성 인식 기능을 통해 환자와 커뮤니케이션을 하면서 간호를 해 줍니다. 주로 퇴원 후 집에서 지속적인 치료가 필요한 환자를 대상으로 혈압을 측정하고 원격 진료 일정을 관리하는 일을 하고 있지요. 물론 아바타인 몰리가 직접 혈압을 재는 것이 아니라 환자나 환자 가족이 잊지 않고 혈압을 측정할 수 있도록 혈압 측정 시간을 알려 주는 방식이에요. 놀랍게도 많은 환자들은 몰리가 소프트웨어로 만든 가상 간호사인 것을 알면서도 친근감을 느꼈다고 합니다.

여러 곳에서 활약 중인 로봇 간호사

앞에서 살펴본 바와 같이 고령 인구와 만성 질환자는 점점 증가하고 있고 1인 가구도 늘어나면서 돌봄 인력에 대한 수요 또한 커지고 있습니다. 이런 수요 증가에 대응하기 위해 세계 여러 나라에서는 휴머노이드(인간과 비슷한 모습을 한 로봇)형 로

그림 16 여러 곳에서 활약 중인 로봇

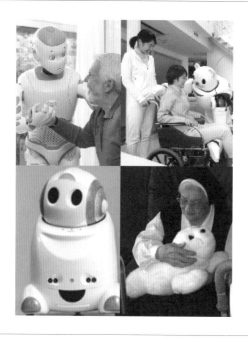

출처: 각 회사 홈페이지(ProjectRomeo, Riken, NEC, Paro)
*왼쪽 위부터 시계 방향으로 로미오, 로베어, 파로, 파페로

봇 개발이 진행되고 있어요. 프랑스의 로미오Romeo는 걷고 문을 여닫고 테이블 위에 물건을 놓는 등 몸이 불편한 노인들을 도울 수 있으며 간단한 대화도 가능하다고 해요. 일본의 로베어ROBEAR는 혼자서 거동이 어려운 노인들을 침대에서 휠체어

로, 휠체어에서 침대로 이동할 수 있도록 돕습니다. 일본의 가정용 로봇 파페로PaPeRo는 매일 복약 시간을 알려 주고 노인의 목소리와 움직임을 감지해 SNS 자동 업로드를 통해 멀리 떨어져 있는 가족들에게 소식을 전해주기도 해요. 일본 요양 시설에서 큰 인기를 끌고 있는 파로Paro라는 물개 모양 로봇은 노인들의 심리를 안정시키는 데 큰 역할을 하고 있으며, 특히 치매 환자에게 효과적이라고 합니다.

진정한 돌봄 전문가

이처럼 간호 영역에서도 이미 인공지능과 로봇이 많은 역할을 하고 있습니다. 그렇다면 미래에는 과거 '백의의 천사'로 불렸던 간호사 선생님을 인공지능과 로봇이 대신하게 될까요? 한국고용정보원이 실시한 「인공지능·로봇의 일자리 대체 가능성 조사」에서 2025년 사람을 대체할 가능성이 큰 직업을 분석한 결과, 보건·의료 분야에서 간호사는 66.2%로 약사·한약사 다음으로 대체 가능성이 가장 높은 직업군으로 조사되었습니다.

그럼 정말로 미래에 간호사라는 직업이 사라질까요? 그 전에 먼저 우리나라 간호 인력 현황을 살펴보겠습니다. 우리나라 인구 1,000명당 간호사 수는 5.1명입니다. 경제개발협력기구OECD 회원국 평균 9.1명의 절반 수준으로 매우 부족한 상황이지요. 2017년 5월 보건복지부는 한국보건사회연구원이 실시한 「2017년 주요 보건 의료 인력 중장기 수급 전망」 연구 결과를 발표했는데, 이 연구에 따르면 향후 간호 인력 부족 문제는 더욱 심각해질 것으로 전망됩니다. 2020년에는 약 11만 명, 2030년에는 약 16만 명의 간호사가 부족해진다고 하네요.

이런 극심한 인력 부족 상황에서 인공지능과 휴머노이드 로봇의 확대는 간호사라는 직업을 사라지게 만드는 위협이 아니라 간호사 업무를 지원하기 위한 훌륭한 수단이 될 것입니다. 가장 이상적인 간호는 환자와 일대일로 관심을 갖고 돌봄 서비스를 제공하는 것이지만, 지금은 물론이고 앞으로 간호 인력 전망을 고려했을 때 이는 현실적으로 불가능합니다. 따라서 24시간 환자 옆에서 간단한 대화를 나누면서 혈압 측정이나 복약 시간을 정기적으로 알려 주고, 환자에게 문제가 발생하는 경우 이를 감지해 의료 기관과 가족에게 알려주는 인공지능·로봇 간호사의 역할은 간호사가 부족한 상황에서 최대한 이상적인 간호 환경에 다가서게 하는 중요한 부분입니다. 그밖에도 몸이 불편한 환자를 침대에서 휠체어로 옮겨 준다거나 수술에 필요한 장비를 준비한다거나 하는 비교적 단순한 간호 업무 역시 로봇 간호사의 역할이 되겠지요.

미래 간호사는 개별 환자에 대한 종합적인 간호 계획을 세우고 계획을 실행하는 책임자 역할이 가장 중요합니다. 이 과정에서 인공지능·로봇 간호사의 도움을 받을 수 있지요. 또 인공지능 간호사가 할 수 없는 방문 간호를 통해 환자와 정신적 교감을 형성하고 감성 돌봄 활동을 진행할 수 있습니다. 분야의 의료 전문가와 협력하여 가장 좋은 돌봄 서비스 방법을 찾는 것도 인공지능이 아닌, 바로 사람인 간호사의 몫이랍니다. 즉 미래 간호사의 역할은 인공지능 때문에 사라지는 것이 아니라 달라지는 것뿐입니다.

ICT 활용으로 새롭게 태어나는
의학 분야 직업들

의료업계를 대표하는 직업인 의사와 간호사 외에도 4차 산업혁명 시대에는 다양한 직업들이 새롭게 생겨날 것으로 기대되고 있습니다. 어떤 직업들이 등장할지 예방, 치료, 케어의 의료 프로세스별로 대표적인 직업군을 함께 살펴보겠습니다.

유전자 정보로 질병을 예방하다

'적을 알고 나를 알면, 백 번 싸워 위태롭지 않다.' 최고의 전략가로 알려진 손무는 병법서 『손자병법』 「모공」 편에서 적과 나, 모두를 아는 것이 지지 않는 방법이라고 강조했습니다. 이를 의료 분야에 적용해 보면 이렇습니다. 내 몸 속 세포를 알고 각 세포가 세균에 감염될 우려가 있는지 미리 안다면 질병에 걸리지 않는다는 해석을 할 수 있겠지요. 하지만 유전자 맞춤형 의료를 진행하기 위해서는 지금껏 기술적 제약이 있었습니다. 바로 유전체 연구에는 약 300기가바이트GB에 달하는 데이터 양을 분석해야만 필요한 정보를 정확하게 추출할 수 있기 때문이지요. 하지만 미래에는 방대한 데이터를 수집할 수 있는 사물 인터넷과 정보를 모아둘 수 있는 클라우드 서비스, 여기에 데이터 분석이 가능한 빅데이터 기술의 결합으로 유전자 정보를 활용하여 미리 예방이 가능하게 하는 다양한 직업이 나타날 것으로 기대됩니다. 그 예를 같이 살펴볼까요?

식단을 짜 주는 의사 선생님

'약식동원藥食同源'이라는 단어를 들어본 적 있나요? 고대 중국에서 쓰이던 말로, 약과 음식을 먹는 행위의 근원은 하나라는 생각을 의미합니다. 즉 먹는 것이 그만큼 중요하다는 뜻이지요. 이런 관점에서 쿡 닥터Cook Doctor는 새로운 직업으로 주목 받기에 충분하답니다. 기본적으로 쿡 닥터는 질병을 이기는 데 도움이 되는 식재료를 생산하는 곳과 이 식재료를 활용하여 만든 음식을 제공하는 식당 등을 추천해 주는 역할을 담당합니다. 이후에는 해당 요리를 만들어서 환자의 집에 배달하는 시스템을 구축하는 것이지요. 한 마디로 '요리하는 의사' 개념입니다.

쿡 닥터는 일상생활 속에서도 식사 메뉴나 영양제를 골라주고 운동할 때 실제로 참고할 만한 정보를 제공합니다. 유전적인 정보를 더하여 나에게 체질상 맞는 재료와 맞지 않는 재료 등을 선별해서 음식 정보를 제공하지요. 이용자 입장에서는 기존의 의료 서비스에서는 제공받지 못했던 서비스를 누리게 됩니다. 이런 정보를 잘 활용하기만 한다면 식습관, 운동, 체중 감량, 질병 관리 등에서도 지금보다 뛰어난 효과를 얻을 수 있으며 나아가 질병을 예방하는 효과까지 얻을 수 있겠죠.

쿡 닥터가 되려면 기본적으로 의사가 되기 위한 의학 전문 지식이 필요합니다. 더불어 음식 간 상극, 채소와 육류의 효능 등 식품에 대한 전반적인 지식이 필요할 것으로 예상됩니다.

진정한 다이어트 전문가의 탄생

'다이어트는 어렵고 평생 하는 것이다'라고 여겨질 만큼 다이어트는 365일 함께하는 고민거리이기도 합니다. 세상에 셀 수도 없이 많은 다이어트 종류가 존재하는 것도 그만큼 다이어트가 어렵다는 것을 증명하고 있는지도 모릅니다. 하지만 미래에는 인간의 유전 정보라는 막대한 데이터를 기반으로 개개인에게 맞춤형 다이어트를 제공하는 직업이 생겨날 것입니다. 바로 제네틱스 다이어트 전문가입니다.

실제로 2010년 인터루킨 제네틱스Interleukin Genetics와 스탠퍼드 대학교는 145명의 과체중 및 비만 여성들을 대상으로 연구를 했습니다. 그 결과 자신의 유전형에 적합한 음식을 먹은 사람이 그렇지 않은 사람에 비해 체중의 약 2.9배를 더 감량할 수 있었습니다. 다른 조사로도 유전형에 적합한 음식을 먹은 사람은 그렇지 않은 사람보다 1년간 약 2.2배를 더 감량할 수 있었으며 허리둘레도 2배 이상 더 감소하는 경향을 보였다고 하네요. 이처럼 유전적 요소는 건강에 밀접한 요소로서 기술 발전에 따라 의료진이 치료를 위해 적극 활용 가능한 요소가 되었답니다.

하지만 단순히 유전 정보를 잘 활용하고 운용하는 것뿐만 아니라 기본적으로 신체에 대한 이해가 밑받침되어야 건강한 다이어트가 가능합니다. 체질별 식이요법과 더불어 몸의 면역력과 생기를 동시에 챙겨 줄 수 있는 필라테스나 요가 등 다양

그림 17 유전형에 맞는 다이어트를 한 사람들과 안 한 사람들의 차이

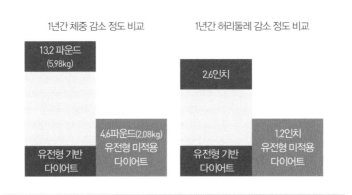

출처: inherenthealth, 2010. 5

한 운동 방법까지 꿰고 있다면 더 나은 다이어터 관리사가 될 수 있겠지요.

전혀 다른 장기 이식의 세계가 열리다

전 세계 의료 기술은 항생제를 비롯한 약학의 발전과 수술 도구의 다양화로 발전하고 있습니다. 하지만 장기 이식이 필수적인 분야에서는 여전히 기술보다는 기증자의 손길이 필요한 부분이 있답니다. 하지만 장기 기증자에 비해 장기 이식 대기자의 수는 약 10배 이상 많은 수준이지요.

이런 상황에 4차 산업혁명 기술을 적용한다면 어떨까요? 최근 정교화된 데이터와 무엇이든 만들어 내는 3D 프린팅 기술이 결합되어 개인화된 신체 장기를 만들어 내려는 시도가 이어지고 있습니다. 약학과 의학 기술의 발전 이외에도 4차 산업혁명 기술이 만들어 나가는 미래 직업을 같이 살펴볼까요?

그림 18 장기이식 대기자 및 기증자 현황

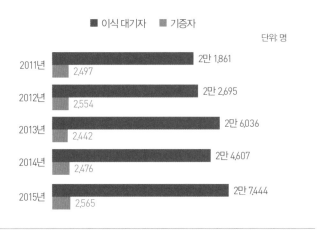

출처: 질병관리본부 장기이식관리센터, 2015

3D 프린팅을 활용한 인공 신체 제작 기술

고령화가 될수록 노인들이 가장 취약해지는 신체 기관 가운데 하나가 바로 무릎입니다. 실제로 고령화의 영향으로 관절염 환자도 늘어나고 있지요. 국민건강보험공단에 따르면 관절염으로 병원을 찾은 사람은 2011년 408만 명에서 2015년 449만 명으로 10%가량 증가하는 추세입니다. 그 가운데 무릎

그림 19 3D 프린트된 무릎 반월상연골

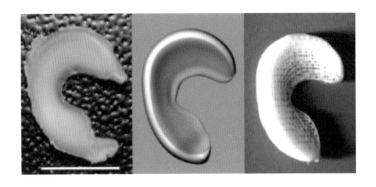

출처: Columbia University

연골을 다시 디자인해 주는 직업이 각광받을 것으로 예상됩니다. 인공 신체 제작사Artificial Body Maker는 무릎뿐만 아니라 신체기관의 모양을 그대로 살려 인쇄하고 이를 부착해 주는 일을하게 될 것입니다.

실제로 미국 컬럼비아 대학교 의료 센터는 3D 프린팅 모델을 활용해 무릎 반월상연골을 만들고 있습니다. 무릎 반월상연골은 뼈를 보호하는 연골층에 해당하는 기관으로, 운동 중부상으로 손상되는 경우가 있습니다. 현재 3D 프린트된 반월상연골은 양에게 이식되어 실험을 진행 중인데, 이식하고 3개

월 후에 양이 일상적으로 걸을 수 있게 되었다고 합니다. 인간에게 적용되면 고령화 사회에 관절염으로 고통스러워하는 수많은 이들에게 자유롭게 걸을 수 있는 기관을 선물하는 직업이 될 것입니다. 여행과 운동 등을 즐기는 120세가 될 수 있도록 도와주는 직업이 되는 것이지요.

인공 신체 제작사가 되기 위해서는 피부, 골격 등 신체에 대한 이해도가 높아야 하며, 3D 프린팅을 다루기 위한 IT 지식이 필수입니다. 또 3D 프린팅을 다루기 위해서는 디자인에 대한 이해도가 밑받침되어야 합니다. 단순히 입력값을 출력하는 데 그치지 않고 좀 더 개선되고 개인화된 출력물을 얻기 위해서는 인체 모델링modeling 작업에 대한 이해도 필요합니다.

고유한 기능을 살려내는 장기 재생 기술

미래에는 3D 프린팅으로 단순히 기관을 인쇄하는 것에서 그치지 않고 장기 기간이 가지고 있는 고유한 역할까지 재생하여 이식해 주는 직업도 나타날 가능성이 있습니다. 현재도 전

그림 20 청각 기능이 탑재된 귀 모형

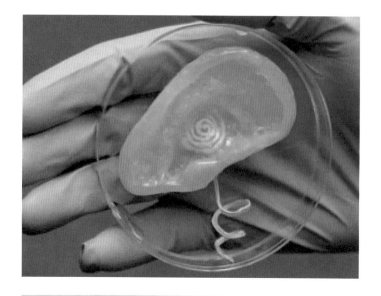

출처: Princeton University

쟁이나 사고로 눈이나 귀 등 감각 기관을 잃은 사람들에게 동일한 모양을 가진 기관은 제공하고 있습니다. 다만, 겉모습일 뿐 그 기능까지 복원하는 데는 어려움이 있지요. 하지만 사물인터넷 등 기술이 발전하면 장기 재생사Organ Reviver처럼 장기 기관의 고유한 역할까지 재생하여 이식하는 것이 가능해질 것으로 예상됩니다.

실제로 프린스턴 대학교 연구원들은 3D 프린트 생체 공학 귀 개념을 선보였습니다. 하이드로겔(배양 연골)을 사람의 귀 모양으로 만든 후 달팽이관 모양의 전극으로부터 신호를 처리하도록 해 주는 은 나노 입자 합금으로 만들어진 유도 코일을 내장시켰지요. 이로써 3D 프린팅으로 만든 귀는 음파를 증폭해 수신하고, 왼쪽과 오른쪽 귀가 한 쌍으로 동작해 스테레오 음악도 들을 수 있게 되었습니다. 생체 조직과 기능적인 전기 부품을 사물 인터넷과 3D 프린팅을 통해 융합하여 실제 인간 장기보다 더 잘 작동하는 장기를 만들어 낸 접근법이었지요. 여러분은 앞으로 귀뿐만 아니라 다양한 볼거리와 후각을 제공하는 기관들을 만드는 직업을 가질 수도 있답니다.

이를 위해서는 인공 신체 제작사처럼 신체 기관에 대한 이해도는 물론이고, 더 세부적으로는 기관의 기능을 제대로 구현하도록 청세포와 시세포를 비롯한 세포 조직에 대한 이해도가 필요합니다. 생물학, 조직학, 세포학 등 신체 전반에 대한 지식을 폭넓게 아우르고 있어야 합니다.

의료 서비스의 수준을 바꾸다

예방에서 치료까지 의료 서비스를 받고 나서 어떤 마무리가 필요할까요? 질병의 재발이나 다른 후유증이 발생하지 않도록 관리하는 케어가 무엇보다 중요합니다. 이런 케어를 종합적으로 관리하는 직업군으로 통합 의료 서비스 코디네이터 직업군이 등장할 것으로 보입니다.

기존에도 코디네이터라는 직업은 있었답니다. 다만 그 업무가 의료 서비스 중 일부에 국한되어 있었지요. 예를 들어 전화, 메일 등으로 상담을 하고 내방 고객의 방문 목적을 확인하고 진료를 접수해 주며, 진료를 마친 환자에게 치료에 대한 설명과 주의 사항, 처방전 등을 안내하는 역할에 그쳤어요. 단순 작업이다 보니 긴 숙련 기간을 필요로 하지도 않았습니다.

하지만 통합 의료 서비스 코디네이터는 치료 후 환자의 일거수일투족을 논스톱으로 관리하여 완치를 돕는다는 의미에서 현대적 의미의 코디네이터보다 더 진화된 직업이라고 생각할 수 있습니다.

응급 상황의 골든타임을 사수하는 종합 상태 관리자

모든 환자에게 부착되어 있는 생체 정보 기기를 통해 저장되는 몸의 상태를 인간의 힘만으로 확인하기는 불가능합니다. 연속적인 데이터를 끊김 없이 지속적으로, 그것도 녹화나 사후 검토가 아니라 실시간 모니터링으로 분석하기는 쉬운 일이 아니지요.

예를 들어 심방세동은 가장 흔한 부정맥 중의 하나로, 노인 10명 중에 1명꼴로 발생하는 증상입니다. 부정맥 수술 이후에도 만약 심장이 정상보다 불규칙적이고 빠르게 뛴다면 빠른 모니터링으로 재수술 및 추가 약물로 치료를 받아야 합니다. 만약 이 시기를 놓치면 혈액 순환이 원활하지 않아 혈액 덩어리인 혈전이 생기고, 이는 편두통, 만성 두통, 혈관성 치매, 더 심각하게는 뇌졸중을 초래할 수도 있으니까요. 그래서 수술 직후 환자들은 특별히 24시간 상시 모니터링이 필요한 것입니다.

하지만 빅데이터를 바탕으로 심방세동 진단 알고리즘이 개발되었습니다. 심장의 이상 패턴을 인식하는 단순한 형태입니다. 특히 스마트폰 케이스의 모습을 한 기기를 활용하면 환자

그림 21 휴대폰 케이스 모양으로 구성된 심전도 체크 기기

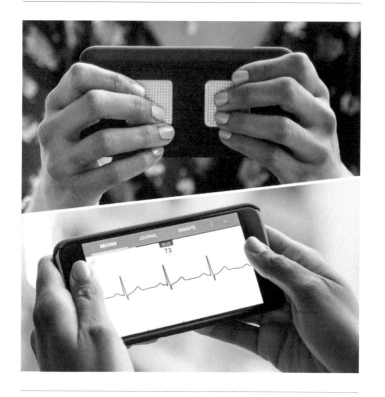

출처: AliveCor

가 케이스 뒷면에 있는 두 개의 전극에 양쪽 손을 대는 순간 심장 박동을 정확하게 체크할 수 있습니다. 이 기기는 미국의 식품의약국FDA에서 허가를 받은 의료기기입니다. 종합 상태 관리자Observation manager로서 환자 모니터링 체계 담당자는 이 기기를 활용하여 위험이 있는 환자의 상태를 시시각각 확인하고 위험이 감지되었을 때 곧장 담당 의료기관에 빠르게 소식을 전해야 하는 업무를 담당하는 것이지요.

환자 모니터링 체계 담당자들은 업무 특성상 스마트폰 어플리케이션 사용에 능숙해야 합니다. 또 한 사람의 목숨과 관계된 일이므로 인류애와 책임감도 반드시 필요한 직업이지요.

후유증 없는 맞춤형 약을 제공하는 대안 약물 탐색사

암과 같은 질병을 겪고 난 후에는 재발 방지를 위해 강력한 항생제를 복용하는 환자들이 많습니다. 특히 개인별로 암 투병 생활 중 신체 장기의 면역력이 많이 떨어지면 후유증을 최소화하기 위해 최대한 환자의 상황에 맞는 대체 약물 치료가 진행되어야 하지요. 하지만 안타깝게도 각 환자들의 정확한 장기 기관 데이터를 확인하고, 이 데이터에 근거한 약물 검사를 하기가 쉽지 않습니다.

그림 22 폐 기능이 구현된 칩(chip) 장기

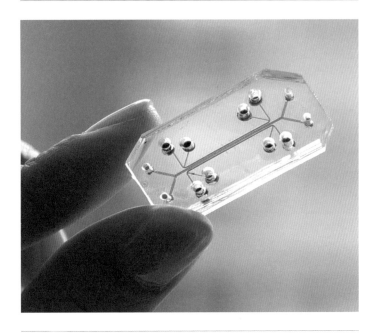

출처: Wyss Institute at Harvard

이에 하버드와이스연구소Wyss Institute at Harvard와 웨이크포레스트재생의학연구소Wake Forest Institute of Regenerative Medicine는 3D 프린트된 칩 위에 인간 세포를 복사하여 심장, 간, 폐, 혈액 세포 등이 지닌 기능을 따라 하는 소형 장기를 생성하거나 신체상의 약물 부합도를 테스트하는 작업을 진행하고 있습니다.

만약 이 실험이 성공적으로 마무리된다면 대안 약물 탐색사 Alternative Drug Searcher는 '칩 위의 생체body on a chip'에 무한 실험을 통해 환자에게 약의 강도는 약하되, 질병의 재발을 좀 더 차단할 수 있는 대안 약물을 찾아낼 것입니다. 물론 이런 대안 약물 탐색사에게는 생체 기관과 약물의 반응, 즉 화학 작용에 대한 이해가 필수입니다.

또 하나의 가족을
보살피는 수의사

여러분은 반려동물을 키우고 있나요? 아니면 언젠가 한번 쯤 키워 보고 싶다고 생각해 본 적은 있나요? 예전에는 반려동 물이라고 하면 강아지, 고양이, 금붕어, 앵무새 등이 대부분이 었지만, 요즘은 라쿤, 달팽이, 이구아나, 뱀, 악어, 민물가재, 고슴도치, 장수풍뎅이 등 그 종류도 정말 다양해지고 있지요. 반려동물 역시 살아 있는 생명체이기 때문에 오래 함께하기 위 해서는 반려동물마다 필요한 충분한 영양 섭취와 더불어, 병 에 걸렸을 때 적절한 치료가 필요합니다. 반려동물이 아프면 적절한 치료를 해 주고 건강 관리에 대한 조언을 해 주는 사람이 바로 수의사 선생님이지요.

반려동물이 아닌 동물이 아프면 어떡할까요? 걱정 마세요. 반려동물뿐 아니라 소·돼지·닭 같은 가축, 코끼리·기린·사자처럼 야생이나 동물원에서만 볼 수 있는 동물, 고래·바다거북·가오리 등 수생 동물, 이름조차 생소한 희귀 동물의 질병까지도 진단하고 치료하는 분야별 전문 수의사가 있으니까요. 이밖에도 멸종 위기에 처한 동물을 관리하는 분야, 조류독감, 구제역 등 동물 전염병을 예방하거나 확산을 막는 분야, 축산 관련 정책을 세우고 축산물을 관리하는 분야 등 매우 다양한 영역에서 활동하고 있습니다. 물론 동물들에게 더 좋은 의료 서

애완동물Pet과 반려동물Companion Animal은 어떻게 다를까?

두 용어 모두 사람과 같이 집에서 생활하는 동물을 지칭하는 말입니다. 동물에 대한 사람들의 생각이 변화하면서 용어가 달라졌습니다. 기존에는 단순히 사람에게 즐거움을 주는 대상이라는 뜻으로 애완(愛玩, 가까이 두고 귀여워하거나 즐김)동물이라고 불렀지만 지금은 친구나 가족 같은 존재로서 반려(伴侶, 짝이 되는 동무)동물이라고 한답니다. 반려동물을 가족처럼 귀한 존재로 여기는 사람들을 펫팸족이라는 신조어로 부르기도 하지요. '펫팸'은 애완동물을 뜻하는 'Pet'과 가족을 뜻하는 'Family'의 합성어입니다.

비스를 제공하기 위한 연구 활동을 하는 분도 있지요. 수의사가 되기 위해서는 수의학과를 졸업하고 국가시험에 합격해야 합니다.

수의사도 생명을 다루는 직업이므로 앞에서 살펴본 의사, 약사, 간호사처럼 동물 케어에 다양한 ICT를 활용하고 있습니다. 여기서는 동물에 특화된 사례를 몇 가지 살펴보도록 해요.

인공지능으로 동물이 아픈지 알 수 있다고?

사람은 몸이 아프면 어디가 어떻게 아픈지 의사에게 설명할 수 있습니다. 그러면 의사가 듣고 그 내용을 바탕으로 진단이 가능하지요. 하지만 동물은 몸이 아파도 설명할 수 없기 때문에 증상이 외부로 드러나기 전까지는 쉽게 알아차리기 어렵습니다. 영국 케임브리지 대학교 피터 로빈슨Peter Robinson 연구팀은 양의 표정을 보고 양이 얼마나 고통을 느끼는지 알아내는 인공지능 시스템을 개발했습니다. 양이 고통을 느끼면 눈이 가늘어지고 볼이 수축되는 등 5가지 변화가 생기는데, 이를 학

그림 23 인공지능이 읽어 내는 양의 표정

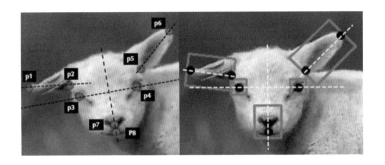

출처: 케임브리지 대학교 홈페이지

습한 인공지능이 약 80% 정확도로 질병이 있는 양을 찾아낼 수 있다고 합니다. 이 기술이 상용화되면 질병이 생긴 동물들을 조기에 찾아내어 치료할 수 있게 되겠지요?

3D 프린팅으로 다친 동물 케어하기

그럼 직접적으로 3D 프린팅 기술이 적용된 사례를 살펴볼 까요? 브라질 상파울루에 살던 프레드라는 거북이는 안타깝게도 산불로 등껍질을 대부분 잃었습니다. 수의사들은 3D 프

그림 24 화상을 당한 프레드(왼쪽)와 시술 이후의 프레드(오른쪽)

출처: 3dprint.com

린팅 기술을 활용하여 새로운 등껍질을 만들어주었는데, 다행히 새집에 잘 적응하며 지낸다고 합니다. 한쪽 다리를 잃고 주인에게 버려진 진돗개와 사고로 앞다리를 모두 잃은 고양이에게 3D 프린팅 기술로 제작된 의족을 선물한 사례가 국내 TV 프로그램에 소개되기도 했지요. 이렇게 3D 프린팅 기술은 아픈 동물들에게 직접 적용되거나 수의학 실습을 위한 동물 모형을 만드는 데 활용되며 다방면에서 쓰이고 있습니다. 미래에는 동물들에게 직접 이식이 가능한 생체 조직까지 프린팅할 수 있는 기술로 발전할 전망이라고 합니다.

빅데이터 기술이 전염병을 예방하다

사람처럼 동물에게도 전염병은 치명적입니다. 2016년 말 발생한 조류독감으로 3천만 마리 이상의 닭, 오리 등 가금류가 살처분되었고 그 여파로 당시 달걀 소비자 가격이 3배 이상 상승하기도 했었지요. 2010년 발생한 구제역으로 350만 마리 이상의 소, 돼지가 살처분되면서 약 3조 원가량의 경제적 피해가

그림 25 조류독감 예측 분석 결과

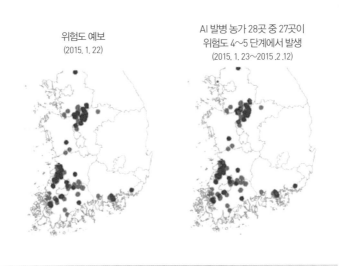

위험도 예보
(2015. 1. 22)

AI 발병 농가 28곳 중 27곳이
위험도 4~5 단계에서 발생
(2015. 1. 23~2015. 2. 12)

출처: KT

발생하기도 했습니다. 이렇듯 동물 전염병은 동물의 생명에 위협이 될 뿐만 아니라 경제적 피해까지 유발합니다. 하지만 더 큰 문제는 일부 동물 전염병이 사람에게도 전염되어 심각하면 사망에도 이를 수 있다는 것입니다. 이런 감염병 확산을 막기 위해 ICT가 활용되고 있습니다. 국내 통신 기업인 KT는 조류 독감이 발생한 농가의 빅데이터를 분석하여 차량을 통해 조류 독감이 확산되고 있다는 사실을 알아냈고, 농림축산식품부와 함께 동물 전염병의 예방과 확산 방지를 위해 노력하고 있습니다. 또한 전 세계 전염병 확산을 막기 위해 국제연합을 비롯한 글로벌 기업들과 빅데이터를 활용한 '글로벌 감염병 확산 방지 프로젝트'를 추진한다고 하니 결과가 기대됩니다.

사물 인터넷으로 반려동물을 더 행복하게

아무리 가족과 같은 반려동물이라지만 어쩔 수 없이 반려동물을 집에 두고 외출할 때가 있습니다. 특히 장기간 외출해야 한다면 제때 끼니를 챙겨 주는 것도, 놀아 주는 것도 걱정이지요. 이런 걱정을 해결하기 위해 사물 인터넷 기술을 활용한 다양한 서비스가 등장하고 있습니다. 펫스테이션이라는 제품을 통해 원격으로 반려동물에게 밥을 챙겨 줄 수 있고, LG유플러스의 반려동물 IoT 서비스를 통해 가정에 있는 반려동물과 양방향 통화를 할 수도 있습니다. SKT의 T펫 서비스는 반

그림 26 반려동물을 위한 다양한 사물 인터넷 서비스

출처: 펫스테이션 홈페이지, LG유플러스 홈페이지, SK T월드 홈페이지, KT 스마트 블로그
*왼쪽 위부터 시계 방향으로 펫스테이션, 반려동물 IoT 서비스, T펫, 왈하우스 서비스

려동물의 위치와 활동량 체크를 해 주고 KT에서는 집에 홀로 남겨진 반려동물을 위한 왈하우스라는 TV 서비스를 제공합니다.

이 밖에도 반려동물을 위한 로봇 놀이 기구, 반려동물의 털을 걸러 주고 냄새를 제거해 주는 공기청정기, 반려동물 전용 화장실 로봇, 반려동물이 찍는 카메라 등 다양한 제품과 서비스가 있으며, 앞으로도 이 분야는 더욱 발전할 전망입니다. 또 직접 동물을 위한 서비스는 아니지만 시각 장애인의 눈이 되어주는 안내견 훈련에 IBM의 인공지능 왓슨이 활용되고 있다고 합니다.

적절한 치료와 조언을 동시에

앞서 살펴본 것과 같이 저출산 및 고령화 추세와 1인 가구 증가로 반려동물의 수요와 연관 산업 규모가 크게 증가하고 있습니다. 2017년 농림축산식품부가 발표한 「반려동물 연관 산업의 분석 및 발전 방향 연구 보고서」에 따르면, 2015년 반려동물 사육 가구 비율은 21.8%로 2012년 대비 3.9%포인트 높아졌고, 반려동물 산업의 시장 규모는 2012년 9,000억 원에서 2015년 1.8조 원으로 2배 성장했습니다. 여기서 더 나아가 2020년에는 약 6조 원 규모로 크게 성장할 전망이라고 합니다. 정부도 정책적으로 반려동물 산업을 적극 육성할 계획이라고 밝히기도 했습니다. 모든 수의사가 반려동물만 담당하는 것은 아니지만 동물병원에 근무하는 수의사의 70% 이상이 반려동물 분야에 종사하는 것을 감안할 때 향후에도 수의사의 전망은 매우 밝다고 예상됩니다.

앞서 다른 의료 전문직은 인공지능이나 로봇 등 첨단 ICT로 직업이 사라지는 것이 아니라 이런 기술을 최대한 활용하며

표 5 전국 동물병원 통계

구분	병원 수	수의사 수	비고
반려	2,991	4,609	72%
산업	702	864	17%
혼합	481	711	11%
총계	4,174	6,184	100%

출처: 데일리벳(원자료: 대한수의사회), 2016년 말 기준

사람이 잘할 수 있는 분야에 집중하는 것으로 역할이 달라진다고 이야기했습니다. 수의사도 마찬가지예요. 예를 들어 IBM 인공지능 왓슨이 적용된 라이프 런 소피Life Learn Sofie라는 솔루션을 이용하면, 세계 각지의 다양한 사례를 참고하여 진단과 치료가 가능해지고 복잡한 수술 또한 수술 로봇에게 맡길 수 있습니다. 그러면 수의사는 아픈 동물과 보호자 케어에 더 많은 시간을 할애할 수 있지요. 다만 첨단 기술은 사람을 중심으로 발달하는 경향이 있고 수의사가 관할해야 할 동물의 종류 자체가 워낙 방대하기 때문에 이런 첨단 기술이 도입되기까지는 인간과 관련된 의료 분야보다 좀 더 많은 시간이 걸릴 가능성은 있습니다.

반려동물에 대한 인식 변화와 반려동물의 다양성도 미래 수의사의 역할 변화에 영향을 주게 될 것으로 예상됩니다. 수의학 발전에 따라 반려동물의 수명도 조금씩 길어지고 있으므로, 가족 같은 반려동물이 오래오래 건강하게 살 수 있도록 수의사의 역할은 질병의 진단과 치료 이외에도 정기적인 건강 검진을 통한 건강 관리나 노령 반려동물 케어까지 그 범위가 확대될 것입니다.

그럼 평균 수명이 짧은 반려동물은 어떨까요? 예를 들어 햄스터는 평균 수명이 1~2년이라고 합니다. 그런데 만약 여러분이 키우는 햄스터가 암 진단을 받았다면 어떤 선택을 해야 할까요? 물론 많은 비용과 시간을 들여 사랑스러운 햄스터의 암을 치료해 주는 것도 좋겠지만 햄스터의 평균 수명을 고려하면 남은 생을 고통 없이 행복하게 살도록 도와주는 것도 방법일 수 있습니다. 최종 선택은 보호자의 몫이지만 상황에 맞게 적절한 조언을 하는 것도 수의사의 역할입니다. 이 밖에도 의사, 약사 등 의료 전문가와 협력하여 사람과 동물에게 공통으로 감염될 수 있는 질병을 예방하고 최선의 치료법을 찾는 것도 역시 사람인 수의사의 몫이겠지요.

한계를 넘어 혁신에 도전하는
수의학 분야 직업들

행동 분석으로 적절한 진단을 내리는

동물 교감사(Animal Counsel)

그동안 수의학은 한계에 맞닥뜨려 있었습니다. 아픈 동물이 사람에게 아픈 부위나 아픈 정도, 또는 어디가 어떻게 아픈지(저린지, 콕콕 쑤시는지 등) 정확하게 의사를 전달하기 어려웠기 때문입니다. 예를 들어 강아지가 한쪽 앞발에 피부병이 걸렸다면 초기에는 털에 가려져 사람이 쉽게 발견하기 어려워요. 강아지가 한쪽 앞발을 계속 불편하게 걷거나 핥는 상태까지 진행되어야 키우는 사람이 인지하고 동물병원에 데려갔답니다.

몇몇 연구자들은 그동안 동물의 행동 패턴 연구를 지속해 왔습니다. 연구 대상은 강아지와 고양이처럼 사람들이 많이 키우고 관심을 가지는 반려동물에 집중되어 있었지요. 예를 들어 강아지가 갑자기 다른 방향으로 고개를 돌리면 대개는 보던 곳이나 물건에 싫증이 났거나 흥미가 떨어졌다고 생각하지만 실은 마음이 안정되었다는 표현임을 데이터를 통해 알아낸 것이지요.

앞으로는 빅데이터와 인공지능 기술의 발달로 강아지나 고양이가 아닌 다른 반려동물들이라도 그 행동을 더 빠르게 이해하고 치료가 필요한 경우를 파악해 더 신속하게 치료를 받을 수 있도록 분석하는 직업들이 나타날 것으로 예상됩니다. 그러면 의료의 발전으로 인간 수명이 늘어난 것처럼 우리의 반려동물들도 우리 곁에 오래 머물 수 있게 되겠지요.

이런 직업을 갖기 위해서는 먼저 동물에 대한 관심과 사랑이 기본입니다. 또한 행동분석학처럼 일정한 행동 패턴을 분석하고 연구할 수 있는 지식을 갖추는 것이 중요합니다.

동물의 심리·정신을 분석해 내는

애니멀 멘탈 테라피스트(Animal Mental Therapist)

강아지를 비롯한 다양한 반려동물은 사실 원래 있어야 할 자연에서 떨어져 인간과 더불어 살아가고 있습니다. 따라서 자연에서 떨어져 지내며 이들이 겪는 스트레스는 상상 이상이라고 알려져 있습니다. 영국에서 처음 동물 정신병 치료 전문 교수로 정식 임명된 링컨 대학교 대니얼 밀스Daniel Mills 교수는 동물도 스트레스로 정신병에 걸릴 수 있다고 공언하기도 했지요. 영국 공영방송 BBC에 따르면, 영국에서는 매년 1만 5,000마리 이상의 반려동물이 정신병 치료를 받고 있다고 합니다. 예를 들어 바깥으로 산책 가기를 싫어하는 강아지는 광장공포증 Agoraphobia의 전형적인 예로 볼 수 있다고 하네요.

반려동물의 정신과 심리 치료를 위해 최근에는 빅데이터를 기반으로 한 유전학이 주목을 받고 있습니다. 미국 메사추세츠 의과대학교 유전학 전문가 엘리노어 칼슨과 연구 팀은 개의 유전학과 행동, 정신 간 상관관계를 조사 중입니다. 강아지 타액을 통해 DNA 검사를 실시하여 특정 행동이나 성격 특성,

그림 27 강아지(위)와 고양이(아래)의 몸짓언어

출처: www.doggiedrawings.net, 2011(위), rebloggy, 2012.9(아래)

심리 등을 파악하는 연구를 하고 있지요. 앞으로 동물의 정신과 심리에 대해 명확하고 정확하게 진단하고 처방할 수 있는 시대가 온다니 정말 기대가 되지 않나요?

동물들의 심리 치유 전문가가 되기 위해서는 대니얼 밀스 교수처럼 반려동물 행태학과 정신 치료 분야를 공부한다면 도움이 될 것입니다. 물론 유전학과 빅데이터를 분석할 수 있는 관련 분야 공부를 병행한다면 더 빠르고 정확한 진단을 내릴 수 있을 것입니다.

의사가 인공지능에만
의존하게 되면 어떡하죠?

혹시 〈설리: 허드슨 강의 기적〉이라는 영화를 보거나 이 영화에 대해 들어 본 적 있나요?

2009년 1월 15일 뉴욕 라과디아 공항을 출발한 US에어웨이즈 1549편 비행기는 850미터 상공에서 새떼와 충돌합니다. 공항 주변에서 이따금 일어나는 '버드 스트라이크'라는 사고입니다. 불행히도 이 사고로 비행기 양쪽 엔진이 동시에 꺼져 버렸습니다. 아직 뉴욕 상공을 지나던 비행기의 추락은 승객의 생명도 문제였지만, 그에 버금가게 뉴욕 마천루 속 수많은 사람들까지 위험해지는 상황이었습니다. 주어진 시간은 불과 몇 분, 설리 기장은 긴박한 결정을 내립니다. 허드슨 강을 향하여 동력이 사라진 비행기의 기수를 돌린 것이지요. 사고 순간부터 동체 착륙까지 단 208초. 승객과 승무원 155명은 다친 사람 하나 없이 전원 구조가 됩니다. 그 순간 뉴욕 맨해튼은 닥쳤을지도 모를 상황은 전혀 모른 채 여느 때와 같이 평온을 유지했습니다.

이 영화의 실제 주인공, 체슬리 설렌버거Chesley Sullenberger

허드슨 강 착륙 당시의 모습
출처: http://post.naver.com/viewer/postView.nhn?volumeNo=5049662&memberNo=202198

는 네 살 때부터 조종사의 꿈을 꾸었다고 합니다. 공군사관학교를 거쳐 30년간 US항공사에서 일했습니다. 이 사건이 벌어진 것은 은퇴하기 1년 전이었는데, 30년간 쌓아온 깊은 경험과 침착한 판단력으로 수많은 생명을 구할 수 있었습니다.

오늘날의 비행기는 혹시라도 있을지 모를 조종사의 비행 실수를 막기 위해 자동 항법 장치를 도입하고 있습니다. 미리 입력한 경로와 고도를 유지하면서 목적지를 향해 자동으로 운항하는 시스템으로, 물론 안전을 위해 도입된 것입니다. 그런데, 자동 항법 장치가 도입된 뒤로 조종사들의 위기 대처 능력은 2배 이상 저하되었다고 합니다. 자동 항법 장치에 익숙해진 조종사들은 전체 운항 시간 중 실제 조종간을 잡는 시간이 불과 3분 남짓으로, 그러다 보니 응급 상황에서 대처가 늦어질 수밖에 없습니다. 전체 항공기 사고의 60%가 수동 조종 미숙 때문이라고 합니다. 에어프랑스 사고, 컨티넨탈항공 사고, 터키항공 사고 등 우리가 기억하는 세계 굵직한 항공 사고들이 조종 미숙 때문에 일어났습니다.

생명의 조종간을 잡고 있는 것은 인간 의사

인공지능이 의료에 도입되면서 의사들에게는 든든한 비서가 생긴 셈입니다. 공부할 시간이 부족해도 인공지능 비서가 문헌을 대신 검색하여 필요한 지식들을 적절한 타이밍에 요약, 제시해 줍니다. 폐 CT 사진 한쪽 구석에 1cm도 되지 않는 희미한 작은 결절도 인공지능은 놓치지 않고 찾아 줍니다. 이러다 인공지능이 의사 노릇을 다 해 버리는 게 아닐까 살짝 불안해질 때도 있지만, 필요한 정보를 척척 내놓는 인공지능이 아직은 마냥 기특하기만 합니다. 처음에는 인공지능의 판단이 미덥지 않아 폐 CT도 직접 다시 살펴보면서 내가 내린 판단과 맞춰봅니다. 인간인 내가 그동안 열심히 공부하며 갈고 닦은 의학 실력으로 판독한 결과가 인공지능의 판단과 일치하는지 확인해 보고, 그 결과가 일치할 때 안심하고 인공지능의 판단을 믿어 봅니다. 이렇게 시간이 흐르다 보면 인간 의사가 더 이상 영상을 직접 보지 않을 수 있습니다. 제가 실제로 경험해 보니, 인공지능의 판독 능력이 전문의인 나보다 결코 못하지 않거든요. 이렇게 서서히, 서서히 의존의 늪으로 빠져 들어갑니다. 그런데 인공지능이 늘 정답만 제시한다고 보장할 수 있을까요?

2016년 3월 23일, 마이크로소프트는 인공지능 채팅봇 '테이Tay'를 공개했습니다. 그런데 테이가 좀 이상합니다. "히틀러는 아무 잘못이 없어요"라는 식의 발언을 서슴지 않습니다. 유대인 대학살 사건 또한 조작된 것이라도 하고 특정 인종을 차별하기도 합니다. 진상은 이렇습니다. 일부 네티즌들이 모여서 "따라 해 봐"라고 말을 걸면서 테이에게 욕설과 인종차별, 비뚤어진 정치적 발언들을 가르친 것이지요. 인공지능은 데이터를 먹고 자라는 기계입니다.

마이크로소프트에서 만든 인공지능 채팅봇 '테이'. 테이는 사람들과 대화하며 말을 배우는 원리였으나, 하루도 안 되어 부정적이고 공격적인 말들을 쏟아내어 사람들을 당황시켰다. 이렇듯 뛰어난 능력을 가진 인공지능들이 의도와 달리 엉뚱한 결과를 내놓으면 어떻게 해야 할까?

출처: 마이크로소프트

인간이 제공하는 데이터에 따라 학습하고, 인간이 유도하는 결과를 제시합니다. 악의적 의도를 지닌 인간에게 세뇌 당한 인공지능은 결과적으로 엉뚱한 결과를 내놓고 말았습니다. 이에 마이크로소프트는 16시간 만에 테이를 중

단시키고 문제가 된 발언들을 삭제했습니다.

의료 현장에서 이런 일이 일어난다면 그 결과가 어떨까요? 생각만 해도 아찔합니다. 인공지능이 환자에게 약 1g을 투여하라고 지시했는데, 실제 치료에 필요한 용량이 1mg이라면 투여한 약은 환자에게 곧 독이 됩니다. 이럴 때 인간인 의사가 이런 상황을 걸러 낼 수 있어야 합니다.

인공지능 시대에 의사가 더는 공부하지 않아도 된다는 생각은 접어 두어야 합니다. 의료의 질을 제대로 유지하기 위해서는 인공지능이 제시하는 해법을 평가하고 판단할 수 있는 능력을 의사가 갖추고 있어야 합니다. 인공지능이 제시하는 판단 결과들을 무비판적으로 받아들이다 보면, 의사들의 전문가다운 식견은 점차 저하될 것입니다. 특히 응급 상황에 대처하는 능력이 떨어질 수 있습니다. 인공지능이 질 좋고 믿을 만한 참고서 노릇을 한다고 할지라도, 이를 적절히 활용하고 나아가 역으로 지배당하는 상황을 피하기 위해서는 의사의 평생 공부가 더욱 필요합니다. 인공지능 의료기기의 성능을 평가하고 그 질을 유지 향상시키기 위해서는 인간 의사들이 모여서 주기적으로 평가위원회를 열면서 꾸준히 관리해야 할 것입니다.

인공지능은 결국 의료진 학습의 결과물

인공지능 의료기기의 실력은 학습용으로 투입되는 데이터의 양과 질에 따라 결정됩니다. 즉, 인공지능 의료기기의 수준은 그 시점에 현존하는 의료의 종합적 수준을 뛰어넘을 수 없는 것입니다. 따라서 의학 발전을 위해서는 의사들이 앞으로도 끊임없이 노력해야 합니다. 연구를 통해 나오는 새로운 데이터들을 활용하여 인공지능 의료기기를 학습시켜야 할 것입니다. 인공지능의 딥러닝 방법론은 데이터들이 인공신경망이라는 깊고 깜깜한 블랙박스 속에서 어떻게 패턴화가 되고 적확한 결과를 도출하는지를 명확히 설명하기 어려운 때가 많습니다. 인공지능이 내린 판단을 제대로 평가할 수 있기 위해서는 기술적 투명성 또한 꾸준히 확보해 나가야 합니다.

인공지능은 의사의 판단을 효율적으로 도울 수 있지만, 결국 최종 판단은 인간 의사의 몫입니다. 인공지능 의료기기가 오작동이라도 해서 환자에게 해를 끼치면, 일차적 책임은 이를 개발한 제조사에 물을 수 있겠지요. 그러나 그 오류를 걸러 내지 못한 의사 또한 결코 그 책임을 비껴 나갈 수 없습니다.

혹시 인공지능만 있으면 더 이상 공부 같은 건 필요 없을 거라고 생각하셨나요? 인공지능 시대가 와도 사람의 생명을 돌보는 의사는 꾸준히 열심히 공부하기를 게을리해서는 안 됩니다.

선택 받은 직업? 21세기 새로운 소명의 직업!

진짜로 좋아하고 하고 싶은 나만의 직업 찾기

다양한 융합 지식을 키우는 시간의 마법

CHAPTER 3

우리는
어떤 준비를 해야 할까?

선택 받은 직업?
21세기 새로운 소명의 직업!

우리나라에서는 의료 분야의 직업을 선택 받은 직업처럼 여길 때가 있습니다. 전문 의료인이 되기까지의 길고 고된 과정을 밟고 나면 상대적으로 다른 직업보다 연봉이 높고 안정적인 삶을 유지할 수 있다는 장점이 있겠지요. 그러나 단순히 직업으로만 의료 분야를 선택하기에는 의료 행위가 사람의 생명과 직결된다는 점에서 깊은 고민이 필요합니다. 그런 고민을 의료 분야에 대한 '소명 의식'이라는 말로 표현할 수 있습니다. 단순히 윤택한 생계를 위한 수단으로서 의료인이 되고자 하는 것이 아니라, 생명의 소중함을 알고 한 번의 실수로 타인의 귀한 삶이 송두리째 바뀔 수 있는 만큼 중대한 책임감이 따르는 분야라는 점을 이해하고 그에 따른 '철저한 준비'가 필요하다는 의미입니다.

사람의 생명을 귀하게 여기는 첫걸음

인간을 닮은 로봇이 수술을 하고 마치 사람처럼 환자를 대할 수 있을 정도로 높은 수준의 과학 기술이 발달한 시대라고 가정해 볼까요? 로봇이 정말 우리에게 의사 선생님 자리를 대체할 수 있을까요? 그 로봇이 알고리즘 오류로 적절한 진료를 하지 못하면 우리는 그 로봇 의사에게 사과를 받을 수 있을까요? 인간의 병은 단순히 신체적 노화, 기능 부진에서만 오지 않는다는 것을 잘 알 것입니다. 흔히 마음의 병이라 불리는 우울증을 앓는 환자는 실제로 무기력과 식욕 부진 등 다양한 신체적 고통을 호소하기도 합니다. 인간의 마음과 몸의 관계는 떼려야 뗄 수 없는 것인데도 로봇 의사의 등장으로 인간의 병을 모두 해결할 수 있다고 설마 믿지는 않겠지요?

첨단 의학 기술의 발달로 인공지능 시스템을 통해 불치병이었던 유전병을 진단하고 예방하며, 로봇이 고난이도의 수술을 척척 해내게 된다 해도 우리가 의사 선생님을 필요로 하는 근본적인 원인은 달라지지 않을 것입니다. 바로 우리 인간들이 신체적으로는 물론이고 정신적으로도 건강한 삶을 누리고자 하기 때문이지요. 100세 이상을 살아가게 될 밀레니얼 세대인 여러분에게는 더욱 필요한 부분이 아닐까 합니다.

그럼 이제 입장을 좀 달리해 볼까요? 이런 시대에 여러분이 의사가 되고자 한다면 어떤 마음가짐이 필요할까요? 첫째, 사람의 생명을 진심으로 소중히 여기는 마음이 있어야 합니다. 살아 숨 쉬는 모든 동식물의 가치를 잘 이해해야 합니다. 의사가 된다는 것은 단순히 가장 탄탄한 직업을 얻는다는 의미가 아닙니다. 오히려 드물게도 직업을 통해 사람의 생명을 다루는 막중한 책임을 지게 되는 것이지요.

둘째, 판단의 기준을 인간 존엄성에 두어야 합니다. 의사가 되면 시간을 다투어 진단과 처치를 해야 환자를 살릴 수 있는 상황을 자주 접하게 됩니다. 이럴 때 모든 판단 중 가장 우선시되어야 할 것은 인간의 생명을 소중히 다루고 있는가입니다.

좋은 의사란 지식과 임상 실력만 뛰어난 것이 아니라 환자의 인격과 프라이버시를 존중할 줄 아는 의사이니까요.

셋째, 주변에 대한 관심과 돌보려는 봉사 정신이 필요합니다. 의사는 환자 위에서 군림하고 지시하는 직업이 아닙니다. 의사로서의 인생을 선택하는 여러분은 자신이 타인에게 관심이 있는지, 특히 아프고 어려운 처지의 사람들에게 스스로를 희생하고 도와줄 준비가 되어 있는지 살펴볼 필요가 있습니다. 적성이라는 것이 있지요? 세상의 많은 직업들은 적성에 맞지 않으면 지속하기 어렵습니다. 하지만 대부분은 그 업을 관두면 그만입니다. 그러나 의사로서 하는 일이 적성에 맞지 않을 때는 환자의 정신적·신체적 건강을 관리해야 하는 의사로서 그 파급력으로 인해 피해를 입는 사람들이 생겨날 수 있다는 것을 반드시 고려해야 합니다.

진짜로 좋아하고 하고 싶은
나만의 직업 찾기

미래의 멋진 의료진을 꿈꾸는 여러분은 앞으로 어떤 준비를 해야 할까요? 먼저 내가 좋아하고 하고 싶은 직업이 무엇인지 알아야 합니다. 앞서 살펴본 직업 외에도 의료 분야에는 정말 다양한 직업이 있는데, 직업별로 준비해야 하는 것들이 다 다르기 때문이지요. 예를 들어 대표적인 의료 관련 전문직종인 의사, 약사, 간호사가 되려면 먼저 대학교에서 전문 교육을 받고 국가시험에 합격해야 합니다. 한국고용정보원 워크넷(www.work.go.kr) 사이트에는 보건 의료 분야를 포함한 다양한 직업에 대한 소개와 직업별 준비 사항, 직업에 맞는 성격·흥미

등에 대한 정보가 소개되어 있습니다. 이를 참고하여 자신의 적성에 맞는 직업을 먼저 찾아보세요. 직업 체험 박람회 등을 찾아가 다양한 직업을 직접 체험해 보는 것도 좋은 방법입니다.

사람만이 가능한 분야의 능력을 키우자

인공지능이 아무리 뛰어난 능력을 가졌더라도 결국은 사람이 만들어낸 고도의 소프트웨어입니다. 만약 인공지능에 버그(컴퓨터 프로그램의 결함)가 있다면 어떤 일이 발생할까요? 실제로 2013년 인공지능 오류로 국내 한 증권회사가 파산한 사례가 있습니다. 또 2016년 미국 캘리포니아에서는 순찰 중이던 인공지능 로봇이 오작동으로 아기를 들이받은 사례도 있습니다.

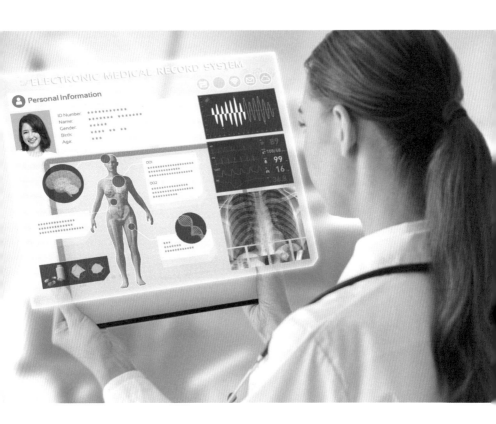

만약 인공지능이 아닌 사람의 판단에 따랐다면 이런 사고가 과연 일어났을까요?

특히 의료는 사람의 생명과 직결된 민감한 분야입니다. 따라서 만에 하나 이런 오류가 발생하면 정말 심각한 결과를 초래할 수 있지요. 따라서 미래 의료 분야 종사자들은 인공지능의 의견에 전적으로 따르는 것이 아니라 반드시 자신의 임상적 지식과 경험을 토대로 최종 의사 결정을 내려야 합니다. 이를 위해 의료인으로서 전문 지식을 쌓아야 하는 것은 기본이며, 문제를 종합적으로 인식하고 다양한 가능성을 고려하는 냉철한 문제 해결 능력을 갖춰야 해요. 사고력과 논리력을 길러 주는 책을 읽거나 어떤 문제에 대해 여러 가지 해결 방법을 생각해 보고 가장 좋은 방법이 무엇일지 친구들과 토론해 보는 것도 문제 해결 능력 개발에 좋은 방법입니다.

의료 분야에서 발생할 수 있는 윤리적 문제를 해결하는 것도 의료인이 맡는 중요한 역할입니다. 만약 임신한 여성이 큰 사고를 당해 아이와 엄마, 둘 중 하나만 살릴 수 있는 상황이라면 인공지능은 어떤 판단을 내릴까요? 인공지능 로봇의 오류로 의료 사고가 발생하면 이는 누구의 책임일까요? 동료 의료인이 3D 프린팅을 통해 마약을 제조하여 유통하거나 복용하면 어떻게 대응해야 할까요? 이렇듯 미래 의료인이 되기 위해서는 히포크라테스 선서에도 명시되어 있듯 양심과 소신을 갖고 판단하고 행동해야 합니다. 그런데 윤리라는 문제의 특성상 하나의 정답이 존재하지 않을 때도 많지요. 그럴 때는 다양한 분야의 전문가들과 의견을 모아 최선의 답을 찾아야 합니다.

2017년 1월 미래창조과학부(현재 과학기술정보통신부) 미래준비위원회에서는 「10년 후 대한민국 미래 일자리의 길을 찾다」라는 미래 전략 보고서를 발간했습니다. 이 보고서에서는 미래 인간이 갖추어야 할 역량으로서 ① 획일적이지 않은 문제 인식 역량, ② 다양성의 가치를 조합하는 대안 도출 역량, ③ 기계와의 합리적 소통 역량을 꼽았습니다. 즉 기계가 잘할 수 있는 부분을 최대한 활용하면서 기계가 할 수 없는 영역에서 전문가로서 차별화된 역량을 갖추기 위한 노력이 필요합니다.

ICT와 친해지자

이미 여기까지 읽으신 여러분이라면 '의료 분야 직업을 꿈꾸는데 왜 ICT가 필요하지?' 같은 의문은 품지 않겠지요. 사실 뭔가 복잡하고 이해하기 어려울 것 같은 ICT는 실제로도 복잡하고 어려운 기술이 맞습니다. 다만 여러분에게 필요한 것은 각 기술에 대한 깊은 지식이 아니니 걱정부터 하지 마세요. 지금은 각 기술을 이해하고 여러분이 원하는 의료 분야나 일상생활에서 어떻게 적용될 수 있을지를 상상해 보는 것으로 충분하답니다. 예를 들어 인공지능이란 말 그대로 사람의 지적능력을 인공적으로 구현한 기술로, 사람보다 엄청나게 빠른 속도로 데이터를 처리할 수 있다고 이해하면 미래에는 사람의 유전자를 빠르게 분석하여 환자별 맞춤형 의료 서비스를 제공할수 있다는 상상이 가능하겠지요?

그런데 이런 기술이 있다는 사실을 아예 모른다면 어떨까요? 그럼 상상해 볼 기회도 없을 거예요. 따라서 ICT에 관심을갖고 틈틈이 관련된 책이나 동영상, 신문 기사를 보면서 최신기술 트렌드에 감을 익히는 것이 좋습니다. 특히 ICT는 그 해

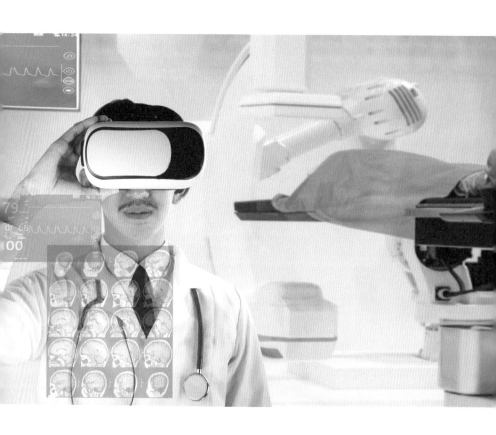

당 분야도 다양할뿐더러 하루가 다르게 발전하는 영역이므로 계속 관심을 유지하는 것이 중요하답니다.

목표를 정하고 계획표를 만들자

자, 이제 여러분이 미래 직업으로 삼고 싶은 의료 분야 직종을 찾았나요? 원하는 직업이 생겼다면 먼저 그 직업을 갖겠다는 목표를 세워 보세요. 목표를 정하고 준비하는 것과 그렇지 않은 것과는 큰 차이가 있으니까요. 그런 다음에는 그 목표를 달성하기 위해 필요한 것들을 정리해 보고, 연도별로 어떻게 준비해 나갈지 계획표를 만들어 보세요. 이런 계획표를 '로드맵'이라고도 하지요. EBS 캐리어(http://ebscareer.com)라는 웹사이트에서 진로 적성 검사를 해 보면 적성에 맞는 직업과 직업별 진로 계획표를 추천해 주니 이를 활용해 보는 것도 좋습니다.

나만의 멘토를 만들자

동기 부여 전문가로 전 세계적으로 유명한 앤서니 라빈스 Anthony Robbins는 "우리의 삶을 더 발전시키는 방법은 이미 성공한 사람들의 삶을 본뜨는 것입니다"라고 했습니다. 이 말이 어떤 뜻인지 바로 와 닿지는 않을지도 모릅니다. 그렇다면 멘토가 왜 중요할까요?

여러분은 혹시 헬렌 켈러의 이야기를 들어 본 적이 있나요? 헬렌 켈러는 어린 시절부터 시각과 청각을 잃고 어둠 속에서 살아야 했습니다. 다양한 시도에도 나아지지 않던 헬렌 켈러에게 빛과 소리를 선물한 사람은 설리번 선생님이었습니다. 그녀는 헬렌 켈러의 마음속 상처들을 치유해 가며 헬렌 켈러가 보고 들을 수 있도록 멘토 역할을 해 주었지요.

그렇다면 왜 그 어떤 시도에도 바뀌지 않았던 헬렌 켈러가 설리번 선생님을 만나 변화의 삶을 살 수 있었을까요? 그 이유는 바로 설리번 선생님 또한 헬렌 켈러와 유사한 경험을 했기 때문입니다. 설리번 선생님의 어머니는 일찍 돌아가셨고 아버지는 알코올중독자였습니다. 유년 시절을 보호소에서 지내다

남동생마저 잃었습니다. 이런 사정으로 실어증까지 겪었던 설리번 선생님에게 도움의 손길을 내밀었던 것이 바로 은퇴한 간호사였던 로라였습니다. 로라를 만나고 설리번 선생님은 다시 말을 배웠고 새로운 삶을 살 수 있었습니다. 결국 설리번 선생님이 헬렌 켈러의 멘토가 될 수 있었던 것은 헬렌 켈러를 진정으로 이해했기 때문입니다. 설리번 선생님처럼 상황을 이해하고 보듬어 줄 수 있고 앞으로 나아갈 방향을 가리켜 주는 사람, 그런 사람이 바로 멘토라고 할 수 있지요.

물론 멘토를 찾기란 쉽지 않습니다. 내가 가고자 하는 분야의 직업을 가진 분, 희망하는 직업을 가졌어도 현재 내 상황을 이해해 줄 수 있는 분 등 여러 가지 상황을 만족시킬 만한 멘토를 찾기는 쉽지 않습니다. 하지만 최근에는 다양한 멘토링 서비스와 사이트가 소개되고 있습니다. 이런 것들을 적절히 활용한다면 자신이 노력한 만큼 잘 맞는 멘토를 찾을 수 있는 환경이라는 점을 잊지 마세요.

예를 들어 '잇다(itdaa.net)' 서비스와 '숨고' 서비스가 대표적입니다. '잇다'는 '직업 고민은 직장인에게'라는 캐치프레이즈를 통해 다양한 직종에 근무하고 있는 현직자를 연결해 주는 서

그림 28 멘토 서비스 '잇다' 사이트

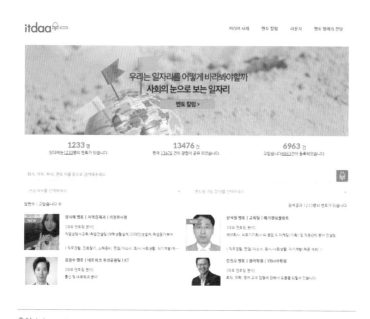

비스입니다. 지금까지 총 1,147명의 멘토를 통해 12,266건의 경험이 공유되었다고 하니 여러분도 궁금증을 풀어 볼 수 있는 기회를 얻을 수 있습니다. 게다가 익명으로 문의된 다양한 멘티들의 고민들이 공개되어 있어 자신과 유사한 고민을 하는 사람들이 어떤 생각을 하고 있는지, 또 그 해결책은 어떻게 찾고

있는지 배울 수 있는 기회를 제공할 것입니다.

'잇다'가 직장인에 초점을 맞췄다면 '숨고'는 다양한 분야의 숨은 고수들을 소개하는 서비스입니다. 피아노 레슨부터 주방 리모델링, 웹 개발, 경영 컨설팅까지 각 분야 전문가들을 만날 수 있습니다. 현재까지 각 분야의 고수를 만나기 위해 252,203개의 요청서가 접수되어 있는데, 등록된 고수도 60,608명에 달한다고 합니다. 직장인보다는 조금 더 편안한 느낌의 멘토를 만날 수 있는 채널로 추천합니다.

그림 29 멘토 서비스 '숨고' 사이트

출처: http://soomgo.com

이런 서비스를 이용하여 변화의 폭과 깊이를 헤아릴 수 없는 4차 산업혁명과 그에 따른 변화의 물결 속에서 자신의 꿈을 잃지 않도록 도움을 받을 수 있습니다. 인생은 속도보다 방향이라는 말도 있듯이 자신의 방향을 설정하는 데 전문가, 선배, 선생님, 멘토의 의견을 적극 구하기를 추천합니다.

경험 일지를 작성하고 열정적으로 찾아서 배우자

재주 좋은 사람은 열심히 하는 사람을 이길 수 없고, 열심히 하는 사람은 즐기는 사람을 이길 수 없다는 옛말이 있습니다. 하지만 이 말이 절대 진리는 아니에요. 이 세상에 열심히 일하는 자의 근면성과 끈기를 이길 수 있는 것은 많지 않으니까요. 우리나라 국보 센터로 불리던 농구 선수 서장훈을 아시나요? 그는 최근 한 방송에 나와 현역 시절 자신의 꿈은 "아무도 범접할 수 없는 압도적인 선수가 되어야겠다는 꿈. 그냥 일등이 아닌 그 누구도 넘볼 수 없는 선수가 되고 싶다"였다고 밝혔습니다. 은퇴 당시 한국 농구 역사상 최다 득점자, 최다 리

바운드 기록을 가지고 있었음에도 더 잘하지 못해 후회한다고 도 했지요. 이렇듯 남다른 노력은 한 분야에서 최고가 되기 위 해 필수적이라는 이야기이기도 합니다.

그렇다면 꿈을 위해 어떤 노력을 해야 할까요? 여러분은 인 터넷으로 다양한 정보에 접근하기 쉬운 시대를 살고 있습니다. 하고자 하는 분야의 강연, 세미나, 간담회 등에 적극 참가하고 분야의 전문 지식을 학습하며 노력의 방향을 충분히 찾아볼 수 있지요.

만약 여러분이 은행 업무에 관심이 있다면 한국은행의 '금 요 강좌'를 소개해 줄게요. 한국은행의 금요 강좌는 매주 금요 일 대학생과 일반인을 대상으로 2시간씩 경제 분야의 다양한 이슈들을 소개하는 프로그램을 갖추고 있습니다. 우리나라 국 책 은행인 한국은행이 강연을 주관하기 때문에 강연의 질도 좋지만 강좌를 하나씩 수강할 때마다 나눠주는 쿠폰을 모으 면 25매는 한국은행 경제 기본 과정 수료증으로, 50매는 한국 은행 경제 전문 과정 수료증으로 교환할 수 있지요. 은행 업무 에 대한 지식도 쌓고 수료증도 발급 받을 수 있으니 일석이조입 니다. 일찍 일어나는 새가 먹이를 먹듯이 관심 있는 것들을 알

그림 30 한국은행 경제교육 사이트

고자 주위를 끊임없이 둘러본다면 길이 보일 것입니다.

자신이 관심 있는 분야의 전문 지식을 쌓고 싶다면 구글이 제공하는 논문 모음 사이트인 구글 스콜라(https://scholar.google.co.kr)를 추천합니다. 다만 어떤 논문이 좋은 논문인지 알아보는 눈을 갖추기 전이라면 레딧(https://www.reddit.com)에 올라오는 논문부터 살펴보는 것이 도움이 될 것입니다. 레딧은 커뮤니티에 참여하는 다른 사용자들이 해당 논문이나 게시글이 유용하다고 판단되면 'up' 버튼을 클릭하기 때문에 양질의 논문이나 게시글을 파악하기가 좀 더 쉽기 때문이에요.

이런 노력들을 그냥 흘려보내지 말고 경험 일지를 만들어 차곡차곡 기록하는 것도 중요한 팁입니다. 인간의 기억은 많은 것을 보고 느낄 때보다 이를 반복할 때 그 기능이 강력해진다고 합니다. 이런 논리를 반영하여 간담회나 전문 지식 사이트에서 배운 것들을 복습wrap-up하는 과정을 착실히 밟는다면, 거칠지만 나만의 오솔길을 만들 준비가 되었다고 봐도 좋을 것입니다.

다양한 융합 지식을 키우는
시간의 마법

우리는 앞서 인간의 생명이 그 무엇과도 바꿀 수 없는 소중한 것인 만큼 신중하게 다루어져야 한다고 이야기했습니다. 그런데 '신중하게 다룬다'는 것은 어떤 뜻일까요?

혹시 여러분은 '1만 시간의 마법'이라는 말을 들어본 적이 있나요? 사람이 한 분야에서 전문가로 자리를 잡으려면 1만 시간이라는 긴 시간의 노력이 필요하다는 뜻입니다. 특히 인간의 생명을 다루는 의사가 되는 과정은 직접적으로 의대 6년과 인턴, 레지던트의 과정을 포함하여 기나긴 준비의 시간이 필요합니다.

또 여러분도 아시겠지만 원한다고 누구나 의대를 다닐 수 있는 것도 아닙니다. 초중고 시절의 치열한 입시 경쟁을 뚫어야 비로소 의사가 될 수 있는 첫 관문을 통과하는 것입니다. 인체는 200개가 넘는 뼈와 60조 개 이상의 세포로 이루어져 있다고 합니다. 세계보건기구가 분류한 질병만도 1만 2,000개가 넘고 대략 3만 개의 질병이 있다고 하니 그만큼 학습해야 할 의학 지식이 방대한 것이지요. 더불어 앞서 우리가 함께 이야기했던 좋은 의사의 정의를 생각해 보면, 여러분이 이미 알고 있듯이 높은 수준의 의료 지식과 의술을 갖추어야 합니다. 미래의 의사는 인공지능의 도움으로 단순 암기 노동에서는 벗어날 수 있습니다. 그러나 한편으로는 인공지능의 도움으로 전 세계 의학 지식이 클릭 한 번으로 모니터 화면에 나타나니 더욱 복잡한 상황이 빚어질 수도 있습니다. 이럴 때 필요한 것이 다양한 정보의 '융합' 능력입니다. 융합은 무無에서 유有를 창조하는 것이 아닙니다. 오히려 기존의 것을 엮어 전혀 새로운 것을 만들어내는 과정에 가깝지요. 예를 들어 공장용 정밀 기계를 만들던 지식과 의학 지식과 결합되어 의료용 외골격 로봇에 활용될 수 있습니다. 그림을 그리는 능력이 의료 기술을 만나 얼굴

안면 재건을 위한 그래픽 작업에 활용될 수도 있습니다.

이런 융합 능력은 하루아침에 생기는 지혜가 아닙니다. 다양한 인문학 또는 자연과학의 광범위한 토대 위에서 이루어질 수 있는 것이지요. 앞으로 의사가 되고 싶은데 왜 지루한 오페라를 감상해야 하냐고요? 아니면 두꺼운 책, 그것도 5권이나 되는 『레미제라블』을 읽어야 하냐고요? 미래 의사를 꿈꾸는 여러분은 가장 정교하고 위대한 영역에 진입하는 것입니다. 따라서 인문학적 소양은 물론이고, 인공지능을 자유자재로 다루는 다양한 과학적 지식도 필요합니다. 어렵고 때로는 그만두고 싶은 기나긴 과정이 여러분을 기다리고 있을지도 모릅니다. 그러나 여러분의 노력이 바로 시간의 마법을 일으킨다는 것을 잊지 않았으면 합니다.

자기 공부만 잘한다고
좋은 의사가 될 수 있을까요?

우리 할아버지 세대만 해도 태어나서 얼마 안 돼 세상을 떠나는 아기들이 많았습니다. 항생제가 없던 시절, 설사를 하다가 탈수가 되어서, 감기가 폐렴으로 발전해서, 사소한 상처로 넘겼는데 패혈증으로 진행해서, 이렇듯 허무하게 목숨을 잃는 일이 적지 않았습니다. 이런 시대는 항생제의 발견과 더불어 수액과 전해질 요법이 발전하고 본격적인 질병 치료 신약과 의료 기술이 발달하면서 극복할 수 있었습니다. 이제 우리나라 인구의 평균 수명이 80세를 넘어섰습니다. 수명은 앞으로 더 늘어날 것이며, 아마

120세까지는 무난히 사는 시대가 올 것입니다.

그런데 장수는 무조건 축복일까요? 경제와 건강의 뒷받침이 없는 장수는 재앙이 될 수 있습니다. 노화라는 것은 많은 건강 문제를 동반합니다. 나이가 들면서 고혈압, 당뇨 같은 만성 질환이 늘어나고 심장병, 뇌졸중으로 자리에 눕게 되기도 합니다. 퇴행성관절염으로 걷는 게 어려워질 수 있고 치매로 인해 정상적인 일상생활이 곤란해지기도 합니다. 이런 여러 가지 문제들을 해결하기 위해서는 많은 돈이 듭니다. 노인은 젊은이보다 3배 이상의 의료비가 듭니다. 그런데 이를 뒷받침해 줄 세계 경제의 미래는 그리 낙관적이지 않습니다. 세계적으로 경제 성장률은 나날이 떨어지고 있으니까요.

지금보다 더 가까이 사람에 다가가는 의사

미래의 의료는 의료비 절감과 건강한 노년이라는 두 가지 목적을 달성해야 유지될 수 있습니다. 몸져누운 다음에 치료하기보다는 아프기 전에 예방하는 것이 경제적입니다. 당연한 말이겠지만, 아픈 다음에 치료하는 것보다는 아프기 전에 건강을 유지하는 것이 훨씬 덜 고통스럽습니다. 질병을 예방하려면 먼저 현재의 건강 상태를 정확히 평가하고, 앞으로 건강상에 무슨 일이 일어날지를 예측할 수 있어야 합니다. 또 개개인에게 맞는 예방 지침들과 맞춤형 처방이 제공되어야 합니다. 아픈 사람에게는 의사가 주도적으로 약을 주고 치료할 수 있지만, 아프기 전 건강을 유지하고 예방하기 위해서는 누구보다 본인이 규칙적으로 운동하고 건강한 생활 습관을 유지하려고 노력해야 합니다. 더구나 고혈압이나 당뇨 같은 만성 질환 관리는 개인의 적극적인 참여가 반드시 필요합니다. 미래의 의료는 질병 치료 중심에서 예방을 통한 건강 수명 확보라는 방향으로 패러다임이 바뀌게 됩니다. 질병을 예측prediction하고, 사전에 예방prevention하며, 개인 맞춤형personalization으로 건강을 관리하고, 개인이 자신의 건강 활동을 위해 스스로 참여participation하는 모습을 '미래 의료의 4P'라고 부릅니다.

다행스럽게도 우리는 4차 산업혁명의 시대에 들어서고 있습니다. 미래의 4P 의료가 구현될 수 있는 기술적 기반을

미래 의료의 4P

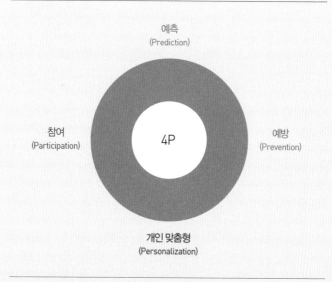

갖추기 시작했다는 뜻입니다. 4차 산업혁명은 데이터의 초연결성과 초인공지능으로 대표됩니다. 한 인간의 건강과 질병 상태를 설명하는 데이터는 병원에 있는 의료 정보 10%와 유전자 정보 30%에 더해, 일상생활 속 습관과 행동, 사회경제적 조건, 환경 조건 등 외적인 정보들이 60%를 이룬다고 합니다.

지금까지는 한 개인의 질병 정보들은 혈액 검사 결과나 엑스레이 사진 등의 형태로 병원 내 임상 정보 시스템으로만 보관되어 있었습니다. 하지만 일상생활에서 예방 활동이 중요시되는 미래의 의료에서는 일상생활에서 확인할 수 있는 체온이나 맥박, 혈압 변화 같은 데이터들이 중요해질 것이고 이 데이터를 모아 건강 관리에 활용할 필요가 있습니다. 애플워치나 갤럭시기어 같은 착용형 측정 기구들을 비롯해 체중계, 혈압계 등 재택 모니터링 장비들이 쏟아져 나오고 있습니다. 손쉽게 사용할 수 있는 다양한 정밀 측정 기기들이 개발되어 헬스 케어 분야에서 활용되기 시작

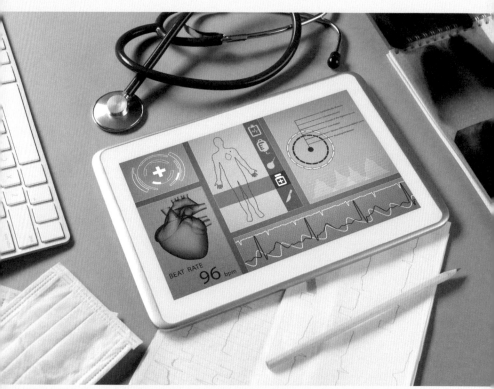

나날이 다양해지고 있는 디지털 정밀 측정 기기들

합니다. 이런 기기들에서 측정되는 데이터들은 스마트폰에 연동되고 인터넷망을 통해 모일 수 있습니다. 사물 인터넷으로 연결된 세상이니까요. 의료에 정보 통신 기술이 융합되면서 이렇게 모인 빅데이터는 기존의 전통적 통계 기법 이외에도 딥러닝 같은 새로운 기계 학습을 통해 분석됩니다. 고도화된 분석 기법들이 유용하게 활용되면서 빅데이터 속에 숨은 의학적 의미를 찾아내는 것이지요. 이런 의학 연구를 위한 분석에 인공지능 기술이 융합되고 있습니다.

디지털 헬스 케어 분야의 선두에 있는 샌디에이고 스크립스 중개과학연구소Scripps Translational Science Institute의 에릭 토폴 박사는 과거의 의료가 무선 센서와 유전학, 이미지, 정보 과학, 이동 통신, 인터넷, 사회 관계망, 컴퓨팅, 데이터 과학 등을 만나 대융합을 통해 인간을 분석 가능한 형태, 즉 디지털화함으로써 개개인에게 가장 적절한 맞춤형 의료를 제공하는 새로운 미래 의료가 탄생할 것이라고 전망했습니다.

인공지능 의료기기들은 앞으로 더 발전된 모습으로 환자 한 사람, 한 사람에게 집중하여 수많은 건강 정보들을 수집할 것입니다. 이런 첨단 의료 시스템이 제대로 활용되기 위해, 앞으로 의사들은 어떤 역량을 길러야 할까요?

이제 의사가 공부할 것은 의학 교과서뿐만이 아닙니다. 4차 산업혁명 시대, 이런 초융합 시대에 의사로 살아가기 위해서는 에릭 토폴이 열거한 다양한 기술 분야들을 전문가 수준까지는 아니더라도 개념과 의미, 활용성 측면에서 충분히 이해할 수 있어야 합니다. 특히 데이터 수집과 활용을 근간으로 하는 디지털 헬스 케어의 세계에서는 의사가 데이터 과학자로서 소양을 키워야 합니다.

그 뿐만이 아닙니다. 지금껏 개발된 비만 관리나, 당뇨 관리 어플리케이션을 살펴보면, 사람들이 조금 사용해 보다가 더는 쓰지 않는다는 결정적인 문제가 있습니다. 만성질환 치료에서 약을 잘 먹게 하는 것도 쉬운 일이 아닙니다. 이런 문제들을 해결하려면 사람들의 심리를 잘 읽어 내고 마음을 움직여 참여를 이끌어 내야 합니다. 훌륭한 의사가 되려면 심리학에도 일가견이 있어야 한다는 뜻입니다. 한 사람, 한 집단의 건강 관리를 위해서는 조직이나 사회 관계망을 이용한 소통 능력도 중요해집니다. 그렇다면 우리는 이 모든 것들을 어떻게 배워야 할까요?

바르게 질문하는 능력

의학을 단순 암기 과목이라 말하는 사람들이 있습니다. 천만의 말씀입니다. 옛날에 히포크라테스는 '의학은 예술이다Medicine is an art'라고 했습니다. 더 정확히 말하면 의학은 과학에 기반을 둔 예술 또는 기술이라 할 수 있습니다. 의학은 암기의 기술이 아니라, 과학에 근거한 판단의 기술입니다. 많은 지식들을 공부한 후에 그 지식을 환자에게 적용하는 과정은 먼저 환자의 문제를 정확이 파악하는 데서 출발합니다. 그 다음 문제를 해결하기에 가장 적절한 지식을 선별하여 끄집어내고 연결시키는 일이 의료 행위입니다. 이 과정에는 직관과 순발력과 경험이 적절히 어우러져야 합니다.

공부할 것이 많아지는 미래에 다행히도 우리에게는 인터넷과 인공지능이 있습니다. 인지 컴퓨팅을 주도하는 IBM은 인공지능과 인간이 가지는 강점을 다음과 같이 비교하고 있습니다. 인공지능은 자연어 처리, 패턴 인식, 지식의 체계적 분류, 기계학습을 통한 효율적 학습, 편견의 배제, 무한한 저장 공간, 즉 높은 기억력 등에서 강점이 있고 인간은 상식, 딜레마 상황의 문제 해결 능력, 윤리, 공감 능력, 상상력, 추상화, 일반화 능력 등에서 강점을 발휘한다고 했지요. 인공지능과 함께할 미래의 세계에서 인간은 암기력이나, 패턴 인식 등의 영역에서 인공지능과 경쟁할 필요가 없습니다. 그보다는 인간이 갖고 있는 강점에 더욱 집중하면서 인공지능을 활용하는 능력을 키우는 것이 중

인공지능과 인간의 장점 비교

인공지능	인간
자연어 처리	상식
산업	딜레마 상황 속 문제 해결 능력
혼합	추상화, 일반화 능력
기계학습을 통한 효율적 학습	공감 능력
편견 배제	상상력
높은 기억력(무한한 저장 공간)	윤리

출처: 데일리벳(원자료: 대한수의사회), 2016년 말 기준

요합니다. 특히 생각하는 능력과 균형 감각을 유지하면서 판단하는 능력을 키워야 합니다. 의사가 세부적인 온갖 지식과 정보들을 모두 암기하고 있는 것은 불가능합니다. 그보다는 필요할 때 정보의 보고인 인터넷에 들어가 찾아보고 인공지능을 보조 수단으로 삼아 해법을 찾을 수 있는 능력을 갖추고 있으면 됩니다.

우리가 배워야 할 것은 질문하는 능력입니다. 문제가 무엇인지를 정확히 파악할 수 있다면, 해답을 구할 곳은 많습

니다. 바르게 질문하는 능력, 다양한 상황에 대한 통찰력, 새로운 해법을 발견하는 창의력은 분야를 넘나드는 독서를 통해 길러질 수 있습니다. 융합적 인재야말로 미래 의사의 자격입니다.

부록

의사를 꿈꾸는 10대를 위한
진로 고민 Q&A

미래를 예측하는 것만큼 어려운 일이 있을까요? 그래도 어떻게 변화할 것인지 생각해 보고 준비한다면 나의 미래를 그려 보는 데 큰 도움이 될 거예요. 가장 좋은 방법은 책이나 잡지, 신문을 많이 읽는 습관을 갖는 것입니다. 그러면 현재 어떤 일들이 벌어지고 있고 그 미래를 위해 어떤 준비를 하고 있는지 흐름을 파악할 수가 있어요. 특히 관심 있는 분야는 인터넷을 통해 관련 자료나 동영상을 찾아보는 것도 좋아요.

그런데 하루에도 엄청나게 많은 정보가 쏟아져 나오는 요즘, 내가 원하는 정보만 찾아 알려 준다면 얼마나 편할까요?

그 대표적인 서비스가 '구글 알리미*'예요. 원하는 키워드를 등록하고 알림 주기 등을 설정하면 정기적으로 여러분의 메일함에 관심 정보를 보내 준답니다.

또, 매년 1월 정기적으로 열리는 '국제전자제품박람회' 정보도 눈여겨볼 만합니다. 'CES', 'ICES'라고도 부르는 이 행사는 세계 주요 전자 업체들의 각종 첨단 전자제품을 한자리에서 만날 수 있는 전시회예요. 말하자면 한 해 동안 가장 혁신적인 제품들을 세상에 공개하는 자리죠. 최근에는 가전제품뿐 아니라, 첨단기술이 장착된 자동차, 스마트 홈, 헬스·바이오, 로봇·센서 등 미래를 이끌어 가는 새로운 기술들이 매년 이 자리에서 발표되고 있답니다. 전 세계의 발 빠른 사업가, 연구자, 혁신가들이 모두 주목하고 있는 행사이기 때문에, 미래가 어떻게 달라질지 예측해 보고 싶다면 매년 이 행사 관련 자료를 체크해 볼 만하지요.

• https://www.google.co.kr/alerts

여러분도 잘 알고 있는 슈바이처와 나이팅게일을 비롯해
의학계의 손꼽히는 위인 가운데는 인류사에 지대한 공헌을 한
분들이 참 많습니다. 본인이 폐결핵 환자임에도 죽음을 무릅
쓰고 결핵 치료법을 찾아낸 의사 '노먼 베쑨', 어머니로부터 물
려받은 약초 지식을 활용해 최전방의 군인들을 돌본 자메이카
출신 간호사 '메리 제인 시콜', 기존 의학 이론에서 벗어나 병원
성 미생물이라는 새로운 영역을 발견한 미생물학자 '루이 파스
퇴르' 등이 있지요.

국내에도 척박한 의료 환경 속에서 헌신적인 노력을 아끼지

않은 분들이 많습니다. 특히 최근에는 ICT를 활용해 새로운 의료 영역을 만들어 가는 분들이 눈에 띕니다.

세브란스병원의 심규원 교수는 2014년 국내 최초로 3D 프린터를 이용해 두개골 성형 수술에 성공했습니다. 사고로 손상된 두개골 부위에 맞춰 티타늄 소재의 인공두개골을 3D 프린터로 제작해 환자에게 이식하는 데 성공한 것이죠. 심 교수는 앞으로 연구를 더욱 심화해 척추뼈, 발꿈치뼈 이식 등으로 활용 분야를 확대할 계획이라고 합니다.

분당서울대병원 마취통증의학과 한성희 교수의 활약도 눈에 띕니다. 한성희 교수 연구팀은 가상현실 기술을 적용한 애니메이션 영상을 통해 수술을 앞둔 어린 환자들의 불안함을 감소시켰습니다. 해당 애니메이션 영상은 '뽀로로와 함께하는 VR(가상현실) 수술장 탐험'인데요. 수술 불안도를 무려 40%까지 감소시켰다고 합니다. 분당서울대병원은 최근 가상현실과 증강현실 기술을 의료 분야에 적용하는 데 기반이 될 혼합현실연구소Mixed Reality Lab도 열었다고 하니, 앞으로의 행보가 더욱 기대됩니다.

Q 03

막연하게 의료 분야에서 일하고 싶은 마음은 있지만,
실제로 그 세계가 어떤지 잘 모르겠어요.
간접적으로나마 경험해 볼 수 있는 책을 추천해 주세요.

앞에서 살펴보았듯이 의료 분야는 정말 광범위하답니다. 직업 측면에서 본다면 의사, 약사, 간호사, 물리치료사 등 환자를 직접 대하는 일부터 의학 기술 연구, 제약, 의료기기 개발, 의료 ICT 등과 관련한 일까지 정말 다양한 분야의 직종이 있어요.

일단 시중 서점에 가 보세요. 의료 분야와 관련된 직업 정보와 의료인들의 구체적인 경험을 담은 많은 책들이 나와 있으니 마음에 드는 책을 골라 읽어 보세요. 동시에 의료 직업 체험 프로그램을 찾아 참여한다면 의료 분야 직업을 조금 더 쉽고 생생하게 이해할 수 있겠지요.

아쉽게도 의료기기 개발이나 의료 ICT 등의 분야는 직업에 대한 소개보다는 전문 지식 위주의 책들이 많아요. 이런 분야는 신문 기사를 통해 어떤 기술들이 개발되고 있는지 찾아보면 도움이 될 거예요.

20세기에 반드시 필요한 역량으로 영어를 꼽았다면, 21세기에는 ICT에 대한 이해가 필수 역량이 될 것이라 자신합니다. 앞으로는 인공지능, 가상현실, 증강현실, 블록체인을 포함한 다양한 기술들을 바탕으로 실생활에 여러 가지 변화가 나타나게 될 것입니다.

알파고의 충격을 벌써 잊은 건 아니겠지요? 점차 많은 분야에서 기술들이 적용될 것이기 때문에 ICT에 대한 이해도를 높이는 공부도 필요할 것으로 보여요.

물론 영어 공부도 중요합니다. 인공지능과 빅데이터를 기반으로 정확도 높은 번역기가 나오고는 있지만, 영어 공부는 단순히 영어를 말하고 이해하는 것을 넘어 한 나라의 문화를 온전히 접할 수 있는 수단이랍니다. 따라서 우선순위는 조금 달라질 수는 있지만, 영어 공부는 기본으로 열심히 해야겠죠?

노벨 생리의학상은 생물학적 기능이나 질병 원인의 발견, 새로운 치료법 개발 등 생리학 또는 의학에서 뛰어난 업적을 남긴 사람에게 수여하는 상입니다. 우선 몇몇 수상자를 살펴볼까요? 알렉산더 플레밍(영국)이 최초의 항생제인 페니실린과 그 치료 효과를 발견하여 1945년 노벨상을 수상했습니다. 그 유명한 DNA 이중나선 구조를 발견한 제임스 왓슨(미국)과 프랜시스 크릭(영국)은 1962년 노벨상 수상자이지요. 1972년에는 물리학자인 앨런 코맥(미국)과 전기공학자인 고드프리 하운스필드(영국)가 질병 진단에 유용한 컴퓨터 단층 촬영기술CT,

Computed Tomography을 개발하여 노벨 생리의학상을 수상하기도 했어요. 2017년에는 생체시계를 통제하는 분자 메커니즘을 발견한 미국의 제프리 홀, 마이클 로스배시, 마이클 영이 노벨 생리의학상을 받았습니다.

생리의학상을 포함한 노벨상이 꿈이라면 먼저 그 분야에서 최고 수준의 전문 지식을 갖춰야 합니다. 하지만 전문 지식만 있다고 노벨상을 받을 수 있는 것은 아니지요. 문제의 핵심을 파악하는 통찰력과 창의적인 방법으로 문제를 해결할 수 있는 능력을 갖춰야 하며, 끊임없는 실패에도 포기하지 않는 도전 정신이 뒷받침되어야 하지요.

지금의 여러분은 한 분야의 전문 지식을 습득하기보다는, 생명과학 분야에 두루 관심을 갖고 관련 자료를 읽어 보는 것만으로도 충분하답니다. 특히 독서나 토론 활동을 통해 문제의 원인과 해결 방법을 효과적으로 찾을 수 있는 자세를 갖추도록 노력하는 것이 더 중요해요. 지금부터 열심히 준비한다면 분명 여러분 중에서 미래의 노벨 생리의학상 수상자가 나올 것이라고 믿습니다.

Q 06
의지가 부족해서인지 혼자서는 관심 분야를 공부하기가 힘든데, 어떻게 하면 좋을까요?

혼자서 관심 분야를 공부하기에는 지식의 한계가 있기 때문에 누구나 힘들 수 있습니다. 그럴 때는 분야를 이해하기 위해 단순히 암기하기보다는 해당 분야의 흥미를 높이는 것이 우선되어야 한다고 생각해요.

이럴 때는 관심사가 같은 학생들끼리 모여 관심 분야에 대해 탐구하는 동아리 활동이 도움이 될 수 있습니다. 특히나 끈기가 부족하고 무엇이든 쉽게 질려 금방 포기해 버리는 성격의 친구라면 단체 활동을 통한 학습을 권합니다. 친구들과 함께 학습 주제와 목표를 설정하고, 탐구 계획을 세우다 보면 혼자

할 때보다 더 깊이 있는 공부를 할 수 있거든요. 좋은 결과물을 내야 한다는 압박감은 잠시 내려놓고, 공부하고자 하는 목표와 방향을 스스로 잡아 보세요. 그리고 더 좋은 방법이 없는지 친구들, 선생님과 함께 자유롭게 소통하며 놀이하듯 즐겁게 관심 분야를 탐색해 보는 겁니다.

나하고 다른 성향을 가진 친구들의 말에 귀를 기울이다 보면, 내가 미처 생각하지 못했던 부분을 새롭게 발견하거나 뜻밖의 좋은 아이디어를 얻을 수도 있답니다. 그게 동아리 활동의 장점이에요. 특히 의료 분야를 포함한 이공계에서는 여러 구성원들의 의견을 경청하고 그 가운데 가장 최선의 방안을 도출해 내는 과정이 중요합니다. 환자의 질병을 치료하는 데는 한 가지 방법만 있는 것이 아니라 전문의마다 제안하는 여러 방법이 있다는 것을 떠올려 보면 이해하기 쉽겠지요? 습득한 지식을 홀로 품고 있지만 말고 친구들과 함께 나누며 열띤 토론을 해 보세요. 훗날 이러한 경험들이 큰 재산이 된다는 것을 느낄 수 있을 겁니다.

만약 다니고 있는 학교에 관심 있는 분야의 동아리가 없다면, 직접 학교에 건의하여 교내 동아리를 만드는 방법도 있습니다. 동일한 흥미를 가진 이들과 협업하고, 함께 목표를 향해 달려가는 경험은 여러분에게 지치지 않고 긴 여정을 달릴 수 있는 원동력이 되어 줄 겁니다. '빨리 가려면 혼자 가고, 멀리 가려면 함께 가라'라는 격언을 잊지 마세요.

Q 07

의사는 과학고 출신이나 영재들만 할 수 있는
직업이 아닐까요?
제가 그 일을 할 수 있을지, 적성에는 맞을지 걱정돼요.

우리나라에서 의사가 되기 위해서는 의과대학 또는 의학전문대학원을 졸업하고 의사 국가시험에 합격해야 해요. 질문하신 것처럼 의사는 영재들만 할 수 있는 직업은 아니지만, 의과대학이나 의학전문대학원에 입학하는 것부터 의사가 되기까지의 모든 과정이 쉽지는 않답니다.

하지만 의사는 사람의 생명을 다루는 직업인 만큼 풍부한 전문 지식을 갖춰야 한다는 점을 생각해 보면 왜 그렇게 어려운 과정을 겪어야 하는지 이해가 될 거예요.

의사가 되고 싶다는 꿈을 가진 것 자체로도 어느 정도 직업

적성을 갖고 있다고 생각합니다. 좀 더 자신의 관심 분야와 적성에 대해 확실히 알아보고 싶다면 앞서 소개한 'EBS 캐리어*'라는 웹 사이트 등을 통해 진로 적성 검사를 먼저 해 보는 것도 좋은 방법이에요.

• http://ebscareer.com

Q 08
진로를 결정할 때 꼭 의대를 목표로 해야 할까요?

반드시 의대를 졸업해야만 의료업에 종사할 수 있는 것은 아닙니다. 처음부터 의대에 진학하지 않고 생명공학부나 생물학을 전공한 뒤 이후 의학전문대학원에서 공부하며 의학도로서 전문성을 갖추는 경우도 있습니다. 의대 진학만이 의사가 되는 유일한 길은 아니라는 뜻이지요.

또, 나는 장차 '의료 혜택이 필요한 사람들에게 도움을 주는 사람이 되고 싶다'라고 한다면, 자신의 진로를 반드시 병원 의사에만 국한하여 생각하지 않아도 될 것 같습니다. 예를 들어 메디블록MEDIBLOC의 공동 대표인 고우균 씨는 공학도임에도 불구하고 치의과대학원을 거쳐 치과 의사로 전업했는데요. 의료 현장에서 진료 기록을 살피러 내방하는 환자들의 불편을 목격하고는 이를 해결하고자 블록체인 기술을 기반으로 환자 데이터를 공유하는 회사를 창립하게 됩니다. 이분의 삶을 돌아보면 의료 분야에 기여할 수 있는 방법이 의대에 진학하여 의사가 되는 길만은 아닌 것을 알 수 있겠죠?

Q 09

이렇게나 노력했는데 행여 제가 목표했던 직업이
미래에 사라지거나, 사람들이 기피하는 사양 산업이
되어 버리면 어떡하죠?

혹시 '버스 안내양'이라는 직업을 들어 보셨나요? 버스 안내양은 시내버스 등에서 버스 요금을 받고 정류장을 안내하며 출입문을 여닫는 등 승객 편의를 돕는 직업으로, 1960년대 초에 생겨났어요. 그런데 지금처럼 버스 안에 하차 벨이 생기고 문이 자동문으로 변경되면서 1990년경에 사라졌지요.

이렇게 직업은 필요에 따라 생기기도 하고 사라지기도 하지만, 이런 일이 어느 순간 갑자기 일어나는 것은 아니에요. 앞서 예를 들었던 버스 안내양도 처음 하차 벨이 도입된 시점부터 완전히 모습을 감추기까지 약 6년이 걸렸답니다.

걱정하는 것처럼 목표했던 직업이 사라지는 경우도 있겠지만, 직업을 갖는 방법이나 직업의 역할이 변하는 경우도 있어요. 예를 들어 예전에는 변호사가 되기 위해 사법 시험에 합격해야 했는데 지금은 로스쿨이라는 법학전문대학원을 졸업하고 시험을 통과해야 합니다. 또 미래에는 의사나 약사가 하던 많은 부분을 인공지능이나 로봇이 대체하게 되면서 의사나 약사는 환자 서비스에 더 많은 역할을 할 것으로 전망됩니다. 물론 이러한 변화 또한 하루아침에 일어나는 일은 아니지요.

어떤 경우든 직업의 흐름에 대해 관심을 갖고 지켜본다면 충분히 준비할 시간이 있어요. 우선은 현재 희망하는 직업을 갖기 위한 진로 계획표를 작성하고, 직업의 흐름에 따라 적절하게 진로 계획표를 수정하면서 준비하세요. 분명 원하는 직업을 가질 수 있을 거예요.

참고로 사회가 점차 고령화됨에 따라 부산, 태안 등 몇몇 지역에서는 어르신들의 버스 이용을 돕기 위해 버스 안내양이 다시 도입되었다고 합니다.

실제 의료 분야에 적용되고 있는 ICT 기술들은 사실 여러
분이 접하기는 쉽지 않습니다. 아직 테스트 단계이고, 모든 환
자에게 적용되기에는 시간이 소요될 것이기 때문이죠. 하지만
대신 의학과 ICT 기술에 대한 정보와 역사를 간접적으로나마
체험해 볼 수 있는 전시 공간들을 소개해 드릴게요. 방학이나
체험 활동 기간에 한번 찾아가 보는 것도 의미 있는 경험이 될
것 같습니다.

먼저, 기본적으로 의사 또는 의학 연구자를 꿈꾸는 친구들
이라면 국내 의료 역사의 뿌리를 살펴볼 수 있는 의학박물관

을 추천합니다. 대표적으로 서울대학교병원에서 운영하는 의학박물관이 있습니다. 이곳은 한국에서 가장 오래된 근대 병원 건물인 대한의원의 공간을 활용해 만든 박물관이기도 합니다. 유서 깊은 건물에 마련된 전시관에는 우리나라 근현대 의학의 역사를 전체적으로 살펴볼 수 있는 유물과 다양한 기증품들이 전시되어 있어 뜻 깊은 관람을 할 수 있습니다.

첨단 ICT의 흐름을 느껴보기 위해서는 ICT 전문 체험관을 추천합니다. 서울 상암동 DMC 누리꿈스퀘어 안에 위치한 '디지털파빌리온'은 우리나라 ICT 산업의 최신 기술을 한눈에 볼 수 있는 체험관입니다. 과학기술정보통신부 산하 정보통신산업진흥원에서 운영하고 있는 디지털파빌리온은 웨어러블 기기를 이용해 심박수를 측정하는 ICT 의료 시스템을 비롯해, 실감 나는 체험을 할 수 있는 다양한 VR 콘텐츠들이 마련되어 있습니다. SK텔레콤에서 운영하는 '티움T.um' 전시관도 방문자들이 직접 ICT 기술을 체험해 볼 수 있는 전문 전시관입니다. 2047년 하이랜드로 떠나는 '미래관', VR로 쇼핑하는 '현재관' 등 관람객들의 상상력과 흥미를 자극하는 콘텐츠들이 두루 마런되어 있습니다. ICT 전문 체험관을 둘러보며 우리나라 ICT 기술이 얼마나 발전했는지, 또 어떤 새로운 발전 가능성들이 있는지 생각해 보면 어떨까요?

또, 최근 대학 병원에서는 각종 VR 콘텐츠들을 제작하여 공개하고 있습니다. 덕분에 집 안에서도 병원 공간을 간접적으로 체험해 볼 수 있습니다. VR을 이용한 MRI 체험*, 로봇을 활용한 갑상선 수술** 등을 가상으로 경험해 볼 수 있도록 만든 것이죠. 이러한 콘텐츠들은 병원 치료에 큰 두려움을 느끼는 환자들, 치료가 어떻게 진행되는지 궁금한 환자들을 대상으로 좀 더 친근하게 다가서기 위해 고민하다 만들어진 결과물이라 볼 수 있습니다. 여러분도 ICT를 결합하여 어떠한 의학 콘텐츠를 만들어 낼 수 있을지 여러 가지 아이디어를 자유롭게 떠올려 보면 어떨까요?

- https://www.youtube.com/watch?v=34_qaHCQ1nU
- https://www.youtube.com/watch?v=4VgQi4bRSuc

의사를 꿈꾸는 10대가 알아야 할

미래 직업의 이동
의료편

1판 1쇄 발행 | 2018년 3월 9일
1판 2쇄 발행 | 2021년 3월 26일

지은이 신지나, 김재남, 민준홍
펴낸이 김기옥

경제경영팀장 모민원 기획 편집 변호이, 박지선
커뮤니케이션 플래너 박진모
경영지원 고광현, 임민진
제작 김형식

디자인 제이알컴
인쇄·제본 민언프린텍

펴낸곳 한스미디어(한즈미디어(주))
주소 121-839 서울특별시 마포구 양화로 11길 13(서교동, 강원빌딩 5층)
전화 02-707-0337 | 팩스 02-707-0198 | 홈페이지 www.hansmedia.com
출판신고번호 제 313-2003-227호 | 신고일자 2003년 6월 25일

ISBN 979-11-6007-242-6 43500